真爱并非运气
被爱是种实力

THE WAY
TO BE LOVED

吴瑜

—— 著

武汉出版社

（鄂）新登号08号

图书在版编目（CIP）数据

真爱并非运气，被爱是种实力 / 吴瑜著. -- 武汉：
武汉出版社，2015.6

ISBN 978-7-5430-9205-1

Ⅰ.①真… Ⅱ.①吴… Ⅲ.①女性—修养—通俗读物
Ⅳ.①B825-49

中国版本图书馆CIP数据核字（2015）第103449号

上架建议：两性·情感

著　　者：吴　瑜

责任编辑：雷方家

出　　版：武汉出版社

社　　址：武汉市江汉区新华路490号　**邮　编：**430015

电　　话：（027）85606403　85600625

http：//www.whchs.com　E-mail：zbs@whchs.com

印　　刷：北京正合鼎业印刷技术有限公司

发　　行：北京天雪文化有限公司　**电　话：**（010）56206824

经　　销：新华书店

开　　本：880×1230mm　1/32

印　　张：9　　**字　数：**260千字

版　　次：2015年7月第1版　2015年7月第1次印刷

定　　价：38.00元

自序
Preface

什么样的女人会 "被爱"

　　可能在很多人眼中，我是个 "女权主义者"，在节目当中言辞犀利，在微博上倡导女人自强与独立，似乎从来都没把男人放在眼里。在生活当中，我也是个不消停的女人。从作家到主持人，从主持人到制片人、老板……很多人说我或许太强了，强得会让很多男人都害怕，不敢靠近，但我要说，能否得到男人的心，重点不在于你是 "强" 或是 "弱" ——重点在于，你究竟有没有这样的魅力和能力，来吸引男人靠近你。

　　一个富有魅力的女人，首先应该要摒弃的就是 "女权主义" ——换句话说，你可以主张拥有自己的权益和平等，但千万别把自己绷得硬邦邦的像块铁板，千万别忘了你还是一个女人。女人就该有女人独特的魅力，并懂得运用自己的魅力。

因此，我并不是一个"女权主义者"。我一直以来强调的，也并不是与男人对抗，同男人比强悍……我强调的是"收服"男人——用智慧，用美貌——当然，前提必须基于你有一颗强大的内心。强大的内心可以使你不依附、不盲目，在爱别人的同时不忘保持本真，在付出的同时不至于迷失自我，在失去的时候不自暴自弃、怨天尤人……而智慧则是你锁住男人心的必要武器，它更深层次的解析是：了解男人、明确男人的弱点与需要——如果爱情是场战役，咱们无须强攻，只管"智取"。美貌更不用多说，它自然是你打开男人心扉的"敲门砖"。

所以，我一贯强调的，是希望每个女人都能成为"女性主义者"，而非"女权主义者"。"女性主义者"应该充分了解自己作为"女人"的优势与长处，并巧妙运用这些长处。拥有这些长处，拥有强大内心、聪明与美丽的女人，我一向称之为"狐狸精"。试想，一个拥有强大内心、聪明、美貌的女人，会没人爱吗？一个优质的"狐狸精"，还怕自己不"被爱"，还怕自己吸引不了男人吗？

其实，世上没有"男女平等"这一说，聪明的女人会悄悄用自己的"柔软"征服男人，将男人握于股掌之中，而不是非要跟男人在某件事或某个矛盾上一争高下。

写这本书，我的目的并不是宣扬"教条"，而是常在微博上看到了很多女人的情感困扰，也替她们解答了不少疑问困惑。久而久之，我发现很多问题归根结底都基于一个本源——男人不够懂女人，女人也不够了解男人。

事实上，无论"爱"或"被爱"，那都是一种能力，甚至于可以说是一种"技能"。技能没有"完美"或"完善"之说，只有不断修习。

　　曾经也有人质疑我：你自己都还没嫁出去，凭什么来替别人解答情感问题？在这一点上，很多人的认知其实大错特错——拥有爱情不等于"把自己嫁出去"；你有没有吸引男人、征服男人心的能力，与你是否已婚没有必然关系。

　　判断一个女人是否出色、是否值得"被爱"的标准也不是"有没有人娶了她"，而是"有多少人想要娶她"、"想要靠近她"。所以，"有没有正确了解自己和男人"才是女人幸福的关键，当然也是评判她在情感世界中是否成功的标尺。

　　我不敢说自己是否"成功"，但我从不缺少爱。也因此，今天我写下这本书，将所有"被爱"的心得与大家分享。我希望每个人都能更加了解自己心爱的那个TA，在情感的世界中得到真正的幸福与满足……

吴　瑜

2015年6月2日

目录
Contents

第一章

女人就该做个优质的"狐狸精"

我觉得女人就该做个优质的"狐狸精",在这里它代表的是拥有强大内心、聪明、美丽、对男人有致命吸引力的女人。这样的女人,难道还怕自己不"被爱"?

第二章

真爱并不是无迹可寻

在生活中，我常听到女孩们说的一句话就是："找不到真爱。"我承认，于茫茫人海里找到那个"他"确实不易，但是不是就找不到了呢？答案是NO，但前提你得有双"慧眼"。

第三章

提升你的"被爱指数"

爱情是发自心灵的相互吸引，而不是委曲求全的苦苦迁就。最聪明的女人，都是默默提升自己的"被爱指数"，牢牢地将自己的那个"他"，紧紧地吸引在自己身边的女人。

第四章

有技巧地爱：让他和你更亲密

女人需要精心保养，感情也需要有技巧地经营。在感情中发挥你的聪明才智，适当地"动用"一些小技巧、小心思，不仅会让你心情愉悦事事遂愿，还能让他和你更亲密。

第一章

Chapter__1

女人就该做个优质的"狐狸精"

我觉得女人就该做个优质的"狐狸精",在这里它代表的是拥有强大内心、聪明、美丽、对男人有致命吸引力的女人。这样的女人,难道还怕自己不"被爱"?

女人就该做个"狐狸精"

估计很多人一看到这个标题就会有意见，尤其是女士。你们可能会觉得，这人有病吧？放着"白富美"不宣扬，偏要宣扬做什么"狐狸精"。这到底什么意思？狐狸精，它一贯就不是什么好东西！

但我在这里想说的是，你们都错了！女人，就该成为一个"狐狸精"。

熟悉我的朋友都知道，我经常在自己的微博中为各种各样的粉丝解答情感问题。在看过了太多诸如"男人出轨"、"小三上位"的现象后，我发现一个普遍性问题：很多女人在遭到背叛、伤害或者赤裸裸的嫌弃之后，往往只会抱怨一句"为什么"。为什么我对他这么好，他却这样对我？为什么他会喜欢那个狐狸精，我哪里比不上她？但没有一个人真正从自己身上找问题。

毫不客气地问大家一句：为什么每个男人都能被"狐狸精"抢走？为什么每个女人都在责怪"狐狸精"抢走了自己的男人，却没有想到把自己打造成一个完美的"狐狸精"，死死抓住他的心呢？

我曾经多次强调，不妨把"狐狸精"看作是一个正能量名词。它代表的是聪慧、美丽、拥有强大内心、对男人有致命的吸引力的女人。而作为新时代的女性，我们必须意识到"贤良淑德、灶台炉边"早就不是吸引男人的利器。当你把地板擦得比镜子还亮的时候，男人根本不会看你一眼，男人希望的是你的外表能比地板亮。一定要切记：女人是爱听甜言蜜语的听觉型动物，相反，男人是视觉型动物，最喜欢漂亮女人。

所以女人成为一个合格"狐狸精"的第一条件就是：美丽。

张爱玲曾说过：一个男人选择一个女人，绝对不是因为她内在有多美，而是因为这个女人的外在形象带给他美好的感觉。一个疏于打理自己外表的女人，在爱情的战场上是永远没有前途的。

如果说头脑和外表之间只能选择一样，请女生们一定要选择外表，不要觉得这话偏激，因为聪明女人的首选必然是"外表"。理由很简单：我们常说，人与人接触，第一印象至关重要。那第一印象靠的究竟是什么呢？毫无疑问是外表！当你无法吸引一个男人忍不住注视你时，就无需向他强调你的内心有多美，因为他根本不care。

举个例子，我们可以对自己身边所有的男性做个问卷调查（当然前提是，你得确保他一定说的是实话），你可以这样问他：假设一个美女和一个丑女来跟你谈人生理想，美女说"我的人生理想就是周游世界，吃遍各种美食，浏览各种美景，疯狂购物，而且从不看价格"——此时，男人们会在心里默默一算，哇，好贵！而丑女说"我的理想就是为你做饭、生孩子，好好伺候你，照顾好家庭"——好家伙！这么贤良淑德，还省钱好养活，真是捡到宝了！那么问题来了，请男人们做出选择：如果两个人当中，必须择其一来成为他的终身伴侣，他们最终会选择谁？

不用怀疑，选择丑女的，肯定都是些虚伪的家伙，没有说实话！爱美之心人皆有之。不愿意欣赏美的男人，不是正常的男人；不懂得追求美的女人，不是合格的女人，更没资格成为一个合格的"狐狸精"。

说到这儿，有些女孩可能会问：如果我没有天生美丽的外表怎么办？又不是每个人天生就是西施相、貂蝉命，倾城倾国貌。那么，我要说的只有一句老话：你可以没有天生倾城倾国的容貌，但绝对不能不精致，不能不懂得扮靓自己。男人在外"拼事业、拼财富"，但归根结底拼的，还是女人。

女人是一个男人最大的奢侈品，站在男人身边的是什么样的女人，比他们开什么车、住什么房都重要得多。这可能是最世俗，却也最精确的衡量标准。王子可以娶灰姑娘，但绝不会娶五大三粗的村妇。如果你想嫁给国王，至少要让自己"看起来"有点王后样儿。

做"狐狸精"需要女人有智慧。

聪明的女人永远懂得在适当的时候做适当的事情，并且永远懂得"温柔"是女人最大的杀手锏。

男人通常会比较倔，尤其是在自己爱的女人面前。即便有个别"妻管严"，那也是表面顺从，心里难免有时也抱怨和叨叨。"狐狸精"最大的特点就是了解男人，能够掌握男人生理与心理的双重需要。女人们一定要明白，在两情相悦的前提下的水乳交融，一定是爱情最好的润滑剂。同时，了解男人的心理，才能时刻做到交心。

成为合格"狐狸精"还需要女人有足够的自信与强大的内心。

女人要相信自己是最好的，经历再多打击与坎坷，都要继续微笑，相信自己能够主宰自己的命运，能够赢得幸福。

在我还是一个小屁孩儿的时候，我就有一个成为作家的梦想，但这实现起来是非常难的。熟悉我的朋友都知道我的第一部小说叫《上海，不哭》。但大家不知道的是，那并不是我写下的第一部小说。早在《上海，不哭》之前，我已经写下了四部小说，近百万字。但它们都没有机会面世的原因是，我每次拿着它们去请教前辈老师，他们往往给我提一堆的意见。于是我就把之前的文字全丢开，重头再来。我告诉自己年轻不怕失败，更不怕从头再来。就这样，终于有一天我完成了作品！有一家国内颇负盛名的出版社说要出我的书。可是当我兴高采烈的把《上海，不哭》送到出版社老大面前的时候，他漫不经心地翻了翻就指着我厚厚的一堆稿件说："你的书，就是渠道毒药！我们绝对不会出这样的作品！"

大家一定觉得很奇怪，为什么说了要出，又不要了呢？说实话，我也很想知道。可是当时的我根本没有脑子思考这个问题。当时我只是觉得脑袋"嗡"的一声，整个世界都崩塌了。可能大家无法理解当时他那句话对我的意义—— 一个初出茅庐、对未来充满希望的孩子，突然遭到了来自这个行业里的大佬的否定。

我离开出版社，一直在路上走，从天亮走到天黑。然后，我坐在一个地铁出口处，吹着冷冷的风。我告诉自己：现在有人可以这样对你，是因为你还不够强大、不够出色，当你有一天足够出色与强大，他们会来求着要出你的书！

世界就是这样，没有人能够一帆风顺，无论是事业还是情感，学会接受失败，学会直面自己的弱小与不足，都是人生的必修课。在这些必修课中有人成绩一般，有人成绩优异，这就是"普通女人"与"狐狸精"的区别。有可能有人将这种特质定义为"坚强",其实不是。它应该是比"坚强"更坚忍、更聪慧、更注重现实和更具情商的综合体。

一个合格的"狐狸精"关键要看她的魅力和情商。一个坚强的、爱微笑的女孩,在任何时候都最有魅力。而一个不爱抱怨、不执着追究"为什么"的女孩,显然也是最有情商、最能够与人相处愉快的。学会不问为什么,是我们成为"高段位"人士的基础。一个有格调、有自信、有底蕴的女人不会允许自己逢人就抱怨过去,数不尽的伤春悲秋,倒不完的苦水,那显然是只有很low的人才会干的事情。

即使面对分手、被甩、被欺骗,普通女人也许会痛哭流涕,大吵大闹,甚至把七大姑八大姨都拉出来,为自己"做主"。但"狐狸精"绝对不会,"狐狸精"会优雅地转身,会让自己变得更美、更出色,从而再找一个对自己更好、更值得付出的男人开始自己的新生活。记住:"优雅"是一个女人的命根子。年龄可以逝去,而优雅却可以像酒,越醇越香……只要你能够做到这一点,就坐等着那些错过你的人后悔吧!

能够满足以上这三点的女人,想让她对男人少些吸引力都不可能。而被你吸引的男人越多,越能够证明你的出色。你则更有自信,笑得更爽朗、更有魅力,自信是任何人身上永不褪色的光芒。

最后我想说一句:现在开始还不晚。如果你被传统观念束缚了多年,那么是时候开始改变了!做一个合格的"狐狸精",应当成为每个女人努力的方向与目标。要相信自己,每一个女人都有自己的美,每一个女人都可以通过努力改变自己的命运,成为一个有魅力的、成功且幸福的"狐狸精"!

让他离不开你的秘密

　　每个女人，都希望身这的那个他对自己不离不弃，那么，该如何做呢？既然男女从来都不一样，那么，就有一个如何从女性的角度去认识男人，走近男人的身，征服男人的心，如何利用女性自身优势成为男人的引导者的重要问题。

　　我经常遇到很多已婚或者恋爱多年的女性，她们通常会犯两种错误。一是认为自己与老公或男友相处多年，关系非常稳定，因而懒怠修饰自身、追求进步；二是极度缺乏安全感，处处要与男人们去较劲，盲目追求事业上的成功，以体现自己并不输给任何人。

　　实际上，这两种做法都是失去自我，被男人"牵着鼻子走"的结果。要征服男人，先弄明白"女人"之于"男人"，他们的不同究竟在哪里。

　　简而言之，女人比男人柔软、温和，遇事思考细腻，注重内心的感受。而男人呢，精力强盛、体力旺盛，喜欢享受"被崇拜"的感觉。男人把智慧用在事业上，女人把智慧用在感情上。男人往往为钱所困，女人往往为情所困。男人面对不幸愤怒多，女人面对不幸眼泪多。男人以世界为心脏，女人视心脏为世界。男人为目的活着，女人为愿望活着。男人梦中想出名，女人醒着梦爱情。

所以，对付男人最好的方式，就是避开他的长处，不要去跟他们比精力、比体力，不要让自己在工作和生活中扮成"铁娘子"，尤其不要跟自己的男人去攀比事业上的成就。如果你已经找到了事业有成的男人，那么恭喜你，你只需要去仰视他就可以了。这其实也是女人内在的需求，一个男人如果无法让一个女人感觉到一点点的骄傲，那么这个女人将永远不会爱上这个男人，即使躺在一张床上也不会。

如果现在你身边的男人的成就还无法超越你，那么记住：不要比较，学会互补。他身上一定有些东西是你没有而且是你喜爱的，否则他便不可能靠近你。好男人和好孩子一样，都是夸出来的。多多发现和夸奖他的长处，他会越来越好，甚至有一天超越你。

总之，不要以如临大敌般的心态去对待男人。男人没什么大不了，不值得你铆足了劲儿跟他较真。男人归根结底是女人生出来的，拿出母亲的姿态和智慧，男人在你面前，就永远是个小屁孩儿。他嘚瑟的时候，你骂他两句；他难过的时候，你抚慰他一下；他取得成就、得了高分的时候，记得夸奖他，给他些许甜头。如此，你便永远可在心灵上掌控他，让他离不开你。

当然一个女人的魅力，远远不止于此。保持对男人的吸引，很大程度上能够增强你的自信心。自信心是魅力的源泉，是自我提升的基础和动力。诚如英国著名作家萧伯纳所言："有信心的人，可以化渺小为伟大，化平庸为神奇。"

关于女人与男人，拿破仑有一句堪称至理的名言："不想征服男人的女人，不是好女人。"这其实也可以理解为：男人通过征服世界去征服女人，女人则通过征服男人去征服世界。

所以，做优质"狐狸精"的第一步：从"征服"男人开始。

"爱"的主动权，不能完全交给男人

　　在我们传统的观念里，还有一些有关女人认知的常规误区。最突出的一点就体现在：付出与居家是女人的本分，而付出便是相夫教子，居家就是做好全职太太。

　　如果我们今天还生活在三妻四妾、低眉顺眼、见老公进门作揖叫"老爷"的年代，那么"全职太太"无疑是你的不二选择。但我们生活在信息全面爆炸、诱惑无处不在的二十一世纪。无论男人、女人，我们接受冲击和诱惑的频率或许跟吃饭差不多。

　　所以现在，如果还有人在做着"全职太太"的美梦，那么"下堂妇"的称号极有可能也离她不远了。那些在厨房、美容院、孩子和宠物当中消耗的青春，最终回报给你的，将是年老色衰与无知。

　　很多女人认为男人应该对她更好的理由是，我们已经在一起那么多年了。而男人认为无须对她花太多心思的理由，恰恰也是我们已经在一起那么多年了。所以，不要指望时间。时间最拿手的，是抹杀浪漫和美好。当然也不要指望男人，当你把主动权完全交给一个男人的时候，意味着你的自我和人生将完全由他掌控，任何时候，这都不是一个很好的选择。

真正的"狐狸精"，懂得掌握主动，懂得不断给自己加码增值。任何一个年龄段的女人都可以散发自己的魅力。用流逝的时间完善自我，你会变得无比优雅，让自己充满吸引力。这正如西班牙女皇伊莎贝拉一世所言的那样："美丽的相貌和优雅的风度是一封长效的推荐信。"

反过来，一旦丧失自我，譬如当全职太太，你每天的世界就这么大，就围绕着那灶台转，你思考的问题也就这么多，你的注意力和格局始终局限在一个男人身上，这会让你陷入偏执和不可理喻，会让你忘了"空间"和"换位思考"的重要性。懂得换位思考的女人，才会理解人。所谓"知己知彼，百战不殆"，善于理解别人的女人，才能攻克男人心房的堡垒，成为富有魅力的女人。

所以，即便"爱"，也要学会有技巧地爱。自我的空间，尤其是心灵空间，一定要学会适度保留。嘴上天花乱坠"爱你爱到想死"都可以，但你心里始终要明白，"没你，我一样可以过得很好"。

男人是猎狗，当你心里有这一份安然与笃定，他嗅得出来。你对自己满意，所以他也对你满意。因为你不依赖，始终拥有自我，所以他才会尊重你的自我，才会在意你。

不要等男人来爱你，更不要把"爱"的主动权完全交给男人。要学会引导男人，学会完善自我。一个完美的女人，有什么道理得不到他人的爱呢？

　　历史的经验一再告诉人们：男人都认为女人是弱者，都认为自己可以主宰女人的命运，殊不知大多数男人的命运其实都是被女人捏在手里的。

　　因此，你要去完善自我，拥有自己的天空，男人永远不是女人的全部。

当感觉被"剩下"时怎么办

在传统的观念误区中，女人在两性关系中总是被动的一方，比较普遍的一个问题是，最好或只能枯坐干等，等介绍、等碰上、等机遇，等优秀男人从天而降。殊不知这样就会让自己渐渐地"被剩下"。

现代生活带给女孩们的，除了现实的物质理想，还有童话般的生活憧憬。不知从何时起，泡沫偶像剧已经成为了一种"病毒"，蔓延在生活的各个角落，充斥着你的生活。不了解国家大事可以，不了解最新的偶像剧，那就是异类。女孩们崇拜着帅气的男主角，羡慕着幸福的女主角，幻想着自己的生活也有如此梦幻的结局。

然而，灰姑娘的童话在传唱中可以绽放得光彩绚烂，真实生活中，我们必须要明白，理想中的爱情和现实中的爱情存在着不可逾越的差距。痛苦来自于哪里？痛苦来自于理想和现实的差距。偶像剧中，王子般的男主角把菜夹到肥胖的女主角碗里，温情脉脉地说："就喜欢看你多吃点。"

而现实中，往往是女人刚夹了一筷子菜到自己碗里，男主角就毫不客气地说："还吃？你太胖了！该减肥了……"

所以童话中，王子可以爱上丑小鸭，公主会跟要饭的到海角天涯，但现实生活中，男人和女人都希望为自己的另一半骄傲，这种内在需求，决定了现实生活中的择偶观一定是"门当户对"。

这不是封建残余，这是幸福的保障和需要。所谓的"门当户对"，不仅仅或不主要指财力、地位等外在条件，更重要的是内在的底蕴、学识、修养。两个人最终能否走到一起，关键取决于是否能维持良好的沟通。沟通就需要双方有水平相当的价值观与人生观。

都说女人很虚荣，其实男人和女人一样虚荣，女人希望自己的男人最有能力、对自己最好，借此才可以在姐妹面前显摆；而男人带自己的女人出门，最希望听到哥儿们甚至陌生人的赞美就是：哇塞，你女朋友真漂亮，真出色！

因此，优秀的男人不会从天而降，即使从天而降，如果你不是一个足够优秀的女人，也绝对不足以与他匹配。就算你用某种方法让他与你相交一时，但对于男人这种骄傲的高级动物来说，如果一个女人无法让他引以为豪，最终的结果，只能是他抛弃你。

我常常听到一些"剩女"抱怨"我的圈子太小了，没有好男人"。想嫁得好不是错，谁不想有一段美好的姻缘？如果姻缘靠一根红线或一支"爱情之箭"就可以搞定，那就没有这么烦恼的人儿了。问题是当你在目前所处的层面确实无法找到心仪的另一半，又该如何来处理呢？继续执着寻找，还是差不多得了？这就是所谓的盲区，降低标准，"清仓大甩卖"从来都不是"剩女"的唯一出路。

想吸引王子的注意？先让自己提升到公主的等级，整天涂脂抹粉，全身上下的名牌，开口闭口法国、巴黎，自然是不够的。想提升内在，请先放下你手中的遥控器，撇开那些泡沫偶像剧，尝试多看书，要知道书籍是一个女人最好的化妆品。

须切记：使人发光的不是身上的珠宝，而是心灵深处的智慧，靠智慧能赢得财产，但没有人能用财产换来智慧。所谓"腹有诗书气自华"，岁月可能拿走你的外貌，但绝对拿不走你的气质与魅力。这种改变在你的心里，它让你充实，让你自信，让你变得更有魅力，这样你才会明白自己真正的价值与需求，而不是委曲求全，盲目寻找。

当你足够优秀时，就有可能得到足够优秀的男人。如果身边还没有适合的好男人出现，请先行动起来，完善自己，让自己成为一个像样的公主吧！

变美是获得优质爱情的"敲门砖"

有人说，爱情是最好的化妆品，处在恋爱中的女人是最美的，因为她们拥有最甜蜜的笑容。很多陷入爱情的女孩都听男人说过一句话"我不喜欢你化妆，就喜欢你简简单单的样子"，大多数听到这句话的女孩都会开心地照办，但最后却以分手告终，其分手的原因不外乎男人对她没有了感觉，或者是男人身边有了花枝招展的另一个她。现实告诉人们：男人的通行证是能力，女人的通行证是面容。

《酉阳杂俎》记载了这样一件事：房孺复的妻子崔氏，忌妒心理极强，对婢女们非常苛刻，唯恐她们比自己漂亮，每月只给婢女化妆品胭脂一豆、粉一钱。有一次，家里新来一个丫头，打扮得比较漂亮，崔氏妒性大发，她假惺惺地说："我帮你再好好打扮一下。"于是"刻其眉，以青填之，烧锁梁，灼其两眼角，皮随手焦卷，以朱傅之。及痂脱，瘢如妆焉"。我在这里提到这个故事，不是要说崔氏的心狠手辣，而是要告诫所有的女孩，爱美是女人的天性，女人间的美丽竞赛从未停止。想要赢得最终的胜利，请拿好你的"美丽"武器！美丽是通行证，处处受人欢迎，这是亘古不变的真理。

如果你认为两个人相处久了，不化妆、不保养、甚至不打扮，单纯地认为男人是爱你原来的模样，你不是单纯，而是单"蠢"。

男人其实是这个世界上最"专一"的动物。男人永远是情场上的猎手，女人永远是情场上的猎物。男人二十岁的时候喜欢的是年轻漂亮的女孩；三十岁的时候，喜欢的还是年轻漂亮的女孩；到了四十五十岁，他们喜欢的仍旧是年轻漂亮的女孩！任何女人都希望遇到一个男人，而且是一个好男人。这个男人可以接受她的全部，可以爱她到她的身材已经发福、脸孔已经发皱。能遇到固然是好（尽管概率很小），但是，无论如何，女人们，也请千万千万不要忘了自己的外表！爱美之心，人皆有之。美，不光可以增添世界的风景，点亮爱人的眼眸，更是为了让自己高兴。当你在穿衣镜前审视精致无瑕的自己，享受那份骄傲与自信，那难道不是一件快乐的事情吗？

不要责怪男人变了心，其实是你自己变了味儿，别怪男人喜欢年轻漂亮的姑娘，只怪你自己没有保护好你的美。男人之所以爱上你，是因为你是他眼中可以欣赏的"艺术品"。

所以，仅从"女为悦己者容"这个角度来看，女人也应该"狠狠"地扮美自己。

当然现代社会，女人爱美已经不是只为取悦心上人这么简单了，它应该成为一种内在需求，一种毕生追求的事业。

爱美可以给人带来三大好处：

它可以培养你讲究细节的好习惯。有过保养和化妆经验的人都知道，美丽就是做加法，加一点，再加一点……做好每一个细节，你呈现给大家的，才是一个最完美的自己。仔细想一想，做人、做事的道理又何尝不是这样呢？

爱美可以让你更加自信。这点无须赘述，当你觉得自己很美的时候，走出去必然很有自信。你的信心可以增加你的魅力值，让你更加光芒四射，更能吸引众人的目光。当所有人都认为你很美时，附加于你身上的正能量自然增强，你自然也能变得更美、更有自信——这是一个众所周知的良性循环。

美是让你获得完美爱情、完美人际关系的敲门砖。我们常常听到很多人说"有眼缘"、"没眼缘"，那"眼缘"又是什么呢？其实"眼缘"就是人与人之间的第一印象——外表！在我们还没有机会通过交流、滔滔不绝来展示自己内在美的时候，外表就是我们唯一攻占他人心房、获取好感的武器。俗话说"心慈貌美"，在人们的思维定势中，"美丽"通常与"善良"、"温柔"、"美好"等诸多溢美之词联系在一起，尽管这未必正确，但这是不可改变的思维传统。

可能有些女孩看完会自卑：我不是一个天生的美女怎么办？在这点上，你完全不必担心！科技发展至今日，美丽完全可以通过"打造"来实现。所谓"没有丑女人，只有懒女人"，与其坐等上天和男人给予你天长地久的爱情，不如自己主动去争取；与其空想别人为你改变，不如先改变自己。能拯救你的只有你自己，请记得善用和珍惜你的美！

比容貌更有竞争力的东西

在爱情面前，女人是否只关注外表就够了呢？答案当然是No！除了容貌，女人还要有更具竞争力的东西——气质。

女人的外表是一张华丽的名片，是他人认识你的开始，但"开始"，仅仅是"开始"。认为"开始"即是"永恒"——这也是妨碍你成为优质"狐狸精"的一大误区。

虽然外表至关重要，但也要清醒地认识到年华易逝，青春美貌不会跟你一辈子。外貌的美只能取悦一时，内心美才能经久不衰，所以，既要修饰面容，更要修正心灵。

如果美貌正在逐渐远离，甚至已经弃你而去，千万不要怄气。不要揪住青春的狗尾巴死活不撒手。跟孩子比年轻，你永远不可能胜利。但跟孩子比气度、比雍容、比优雅、比阅历，你不仅自有优势，而且一定要让自己游刃有余！

　　诚如之前提到的，他人对你的认知，永远是"由外而内"的——先外表，而后内在。在可以比外表的时候，一定不要让自己输在起跑线上。但当外表已经不再是你的利器，当别人对你的兴趣已经不仅仅停留在外表的时候，如何给自己强大的支撑？如何让自己在"嫩荏儿遍地、梨花盛放"的山头独领一片风骚？这就是女人需要学习的最大的课题！

　　所以，我们要多看书，多思考，多游历，开阔眼界，丰富心灵。

　　为什么有些女人，无论她说什么、做什么，无论她是处在什么年龄段，你都会觉得她很美？答案就是"气质"。一种存在于体内的无形的光芒。"气质"才是可以作为你终身标签的东西。因为它无从拷贝，无从模仿，完全视乎你内心。青春每个人都拥有，但并不是每个人都能将青春历练成一种气质，那是因为，不是每个人都懂得把挥霍的青春时光拿出来一点点，去储备自己的内在。上帝其实很偏心，他只青睐和眷顾聪明的女人。

　　什么是聪明的女人？就是懂得为自己筹谋、规划、经营自己的美的女人。

　　可能有些人反感"经营"这个词，认为它听起来像做生意。实际上，女人就是应该把"美丽"当成生意、当成事业来做，制定计划，分步实施。在操作的过程中逐步累积经验，修正自我，掌控全局。

　　当然，"修正自我"一定离不开"思考"。要培养自己经常思考的好习惯，任何时候，任何事情。善于思考的人，善于总结，也才能正确地认知自己。优势与劣势、擅长与不足；当然也更知道自己到底要什么，什么最适合自己。

　　思考本身就有一种沉默的魅力。具有丰富思维的人，就好比一片深海，你总会想从她身上挖掘更多东西，愿意跟她多交往。当你能做到这一点时，你就已经成为一个魅力十足的女人了，何须再为是否年轻而烦恼？

欢腾的溪流再年轻、再充满活力，也还是溪流。一条浅显的溪流和一片蔚蓝的深海，又怎能相比？"魅力"就是这样一种东西，愈深远，愈迷人。胸有成竹的女人是最优雅、最迷人的。因为这样的女人了解自己，与这样的女人攀谈，会令人产生一种心灵上的愉悦感与依赖感。而心灵上的依赖，是最无法摆脱的……

最后，请把你花费在化妆品、奢侈品上的钱挪一部分出来。与其让这些东西遮盖住你的光彩，不如换一种方式让它更有价值——出去走走，用双足感受世界的辽阔无边，用眼睛去发现世界的绚丽，走过山川，你会发现华丽的高跟鞋并不实用；走过陌生的城市，你会发现擅长一种语言比手提一个名牌包更让你有亲和力；当你走完一圈回归现实，你的身上则会多一份自信，多一份坦然。你也有更多的聊资与你身边的人分享，也有更多的人愿意与你攀谈，甚至你会得到羡慕的目光。

永远记住：书籍和阅历是一个女人最好的化妆品！岁月可以拿走你皮肤的紧实，但拿不走你身上独特的气质。美丽的外形只愉悦眼睛，而气质的优雅使人心灵入迷；魅力通常深蕴于智慧之中，而不只在容貌之中。

怎样驯服男人这头"野驴"

如果你问我爱情的构成是什么？我会简单地告诉你，是男人和女人。如果你问我在爱情中谁更应该强悍些，我会告诉你，跟爱人比强悍，永远是个错误，如果你顽固不化，那就等着走向爱情的坟墓吧。

有人说爱情就像一场战争，这不无道理。但两军交兵，什么才是制胜的法宝？靠勇猛、靠蛮力、靠人多势众？No！智慧，才是王道！同理，对待男人、收服男人，靠的不是"比谁强"，靠的是"知己知彼"。

明确了这点后，首先让我们来了解一下什么是"男人"？男人其实是特别骄傲且虚荣的动物，而雄性荷尔蒙又给了他好斗、好胜及对事物具有强烈占有欲的特质——女人，恰好是他所有特性的指向与出口。

因为你是"他的女人"，所以他希望你能以他为中心，以他的意见为准。而"好斗"和"好胜"，又赋予了他不愿轻易低头的个性——尤其对"属于他的女人"。再加上"骄傲"与"虚荣"组成了所谓的"大男人的面子"——跟他斗气、硬顶，无异于对付一头"野驴"！

但面对"野驴"你是不是就没有驯服它的办法了呢？当然不是！常言道"顺毛驴、顺毛驴"——只要把毛捋顺了，倔驴也可以变得温顺可爱。

问题是，现代女性在工作中处事往往八面玲珑、温文尔雅、通情达理、善解人意。别人说什么、做什么，一般都不轻易反驳。即便真的意见不合，也要把表面功夫做到极致；但一遇到爱人或身边最亲近的人与自己意见相左，便有可能暴跳如雷。而她们相同的解释是："我出去对着一堆同事、老板点头哈腰就已经足够了，怎么回到家里对你说话还要小心翼翼？""全世界人不理解我都可以，你怎么可以不疼我、跟我对着干？"

女人在婚后仍为事业打拼并非坏事，但有时我们不妨换个角度来想问题：你为什么要迁就你的老板、对同事柔声细语？因为你要工作，要挣钱，要活下去——老板高兴了，会给你工资；而同事高兴了，会给你良好的工作环境。于是你也高兴了，可以好好地生活下去。那么，你的爱人呢？他一样在挣钱养家，甚至可能你依靠他的更多一些。那么让他高兴一些，有什么不好呢？他高兴了，努力挣钱，给到你的就多一些。他高兴了，家里气氛好，生活环境自然就更好些，你的生活也能过得更好。从这个角度来说，他和你的同事、老板并无区别，那么，为什么就唯独对他吝啬你的甜言蜜语、甚至溜须拍马呢？爱需要用心，但葆有爱，则需要方法和脑筋。

男人是骄傲的动物，如果你没有让他觉得他是你的王，那他根本不会愿意处处为你，成为爱情的奴隶。我们需要有事业，但事业不是为了粉饰自己外在的强大，而是为了内心的安定。女人要的就是在男人面前保持不卑不亢的态度，能依靠他，在必要时也能自我独立。所以，你可以有刺眼的光芒——但请一定记得"对外"。全世界你最不该刺痛他眼睛的人，便是你的爱人。

所以，以柔克刚才是女人制胜之王道！

学会善用你的柔美，而不是滥用。不要用那些让男人厌烦的"嗲"，而是沉溺于优雅的温柔。这不仅仅是表面功夫，更需要由内而外，并且要因时制宜，因地制宜，不要时时示好，事事都好，只要在他低沉时安慰他，生病时照顾他就行了。记住，不要让他习以为常，以为这些是你该做的，你喜欢做的。

举个例子，一位妻子等去夜总会唱K的丈夫等到凌晨，丈夫回来后一身酒气、语无伦次。这时一般女人会怎么做？生气、怒斥、不理他自然是最通常，也是可以理解的做法。但通常人都会干的事，又怎么显出你的聪慧呢？所以这个时候，你进卧室换上最性感的衣服，打开家里的卡拉OK，开瓶红酒，搂住老公撒娇："老公，听说夜总会很好玩，可我从没去过，你今天就陪我在家里模拟一下，带我见识见识你们怎么玩的好不好？"不用等他回答，抓住他陪你唱歌、喝酒、说话、猜拳……千万别给他任何机会装睡或喘息，不出两小时，他一定缴械投降，今后再出去玩，必然有所收敛。

当然能做到这些并非全靠巧思，关键是强大的内心支撑。你要明白，好男人同好孩子一样，都是教出来的。爱情的意义在于帮助对方提高，同时也提高自己。千万别让自己也成为一个孩子，随他一同大呼小叫闹脾气——温柔、大气是你征服男人最有力的武器！

别让梦想仅仅只是梦想

我曾见过无数人谈论自己的梦想。那些人手舞足蹈，口沫横飞，眸中隐含光芒。我也见过无数电视、广告、闲人文章把"梦想"刻画得激情四射，高远而伟大——或许这真的是一剂很好的生活兴奋剂，让枯燥的生活欢呼雀跃，给平淡的生活镶上金边。而事实上呢？它给我们的，究竟是蛊惑，还是救赎？是毒药，还是解药？

梦想，每个人都有——大到首脑、首富，小到普通白领、清洁工阿姨……即使是连这两个字都不会写的人。在某真人秀的舞场，我们见证了一个又一个鲜活的例子。

英国的大妈苏珊，年近半百，没有工作，身材臃肿，满脸皱褶，一辈子没有接过吻，从未谈过恋爱，走在街头没有人会多瞧她一眼。如果听到她说她的梦想是成为一位职业歌唱家，肯定有人会嘲笑她。但就这样一个不起眼的中年妇女，为了她的梦想真的站上了舞台，开唱后获得了全场掌声。每个人都为她的歌声而疯狂。

确实，苏珊大妈的梦想让她变得伟大了，当苏珊对着镜头将她平凡无奇的经历向全球的观众娓娓道来时，所有的人都为她四十年来坚持练习唱歌的精神所打动。我相信不少人会对苏珊的经历羡慕不已，感慨自己没有那么好的运气，如果你是这么想的，那我很直白地告诉你，即使你有梦想，这辈子你都不会成功！因为使苏珊伟大的并不仅仅是梦想，而是梦想实现后的"结果"——换句话说，你空有梦想，从不努力，从不付诸行动；行动之后，又毫无结果，那么很抱歉，你的梦想将与"空想"无异。它不会给你带来他人的尊重，不会带来他人对你的认可，当然更不会带来成功！

无论是一夜成名的苏珊大妈，还是科技巨头比尔·盖茨，或是香港首富李嘉诚，这些拥有梦想、完成梦想的人的背后，都有不为人知的历史，但只有当他们的梦想实现之后，那些曾经的挥汗如雨，那些曾经留下的血泪印记才会有意义。等他们回忆起那些曾经，他们会感慨自己的努力没有白费。当他们成功之后，他们的那些曾经才能带给你温暖，才能让你觉得有学习的意义。

所以"人因梦想而伟大"这句话，其实是个伪命题。它容易让人陷入孤芳自赏、自我崇拜的误区。

每个人都希望自己是独一无二的。但事实上，在工业化生产大发展的今天，我们被迫卷入"批量化生产"的浪潮中。人群的区分逐渐有了更量化的标准。蓝领、金领、白领，身高、职位、月收入、交际圈、所在公司规模大小甚至家境高低……每一样都可量化，可比较，自然就可"相似"。尤其在中产至低收入人群中，也就是我们俗称的"普通人"当中，差异更小，处境更窘迫——我们拿什么来证明自己？如何与他人区别？在这样的困境中，我们能够抓在手里的唯一武器，似乎就是"梦想"——因为我是个有梦想的人，所以我比你们这些浑浑噩噩的芸芸众生高贵——No！大错特错！

在梦想实现之前，你什么都不是！

所以千万不要觉得自己很特别，在你还没有成就任何事情之前，没有人看到你的特别。无人认可的自我，再高贵、再美好，愿意欣赏你的，也只有你一人而已。所以，赶快放弃喋喋不休、孤芳自赏、自怨自艾——多做，少说。

首先认识自我，确定自己究竟想要什么，有意识地树立起自己的梦想，那是你开启成功路的第一步。

其次，是分解梦想。有了梦想后，就要向着目标前进，分析它，制定出一步一步可实现的有效计划和实施策略，这样你的梦想才不再遥不可及。

当然还有自信和努力。它们是你走向梦想的强大羽翼，相互共存，缺一不可。

当然我的梦想论并非那么的放之四海而皆准——它对某些人是没有用处的。比如满脑子想着依靠他人力量一步登天的"癞蛤蟆"，又或者是那些整天花枝招展、等待飞上枝头当凤凰的麻雀——我不能说那些不是梦想，但梦想的实现，还是要以现实的基础为依据。正确的态度是：立足现实，展望梦想而不是任由梦想满天飞。

所以，别用梦想来粉饰自己，强装高贵。事实上，那样的"伟大与高贵"，只有你一个人欣赏——因为其余的人，根本不知道你是谁，更不会有兴趣听你讲关于"梦想"的故事。这道理在爱情中，也一样。梦想，从来都需要浇灌。

梦想的关键是"结果"，"结果"的关键是"做"。做出来，让人看到——只有自己欣赏的骄傲与特别，没有任何意义。

真正有责任心的男人，会理解你的"拜金"

童话故事是美好的，却也是惑人的，甚至是毁人的。王子之所以爱上灰姑娘，是因为灰姑娘穿着水晶鞋，华丽丽地出现在了他的舞会上。试想灰姑娘亮相的第一眼若是灰头土脸，那王子还会爱上她吗？可想而知，王子会连正眼都不瞧她一眼的，这就是现实。

生活中，很多女人出于对自我形象的保护，避讳谈钱，生怕被人扣上"拜金女郎"的帽子、这确实非常地没有必要。君子当重义而轻利，但并非不需要"利"。物质仍旧是生活的基础。当没钱买饭吃，饿得奄奄一息的时候，不会有人想到讨论莎士比亚。所以，不需避忌谈钱，更不必假装。坦率且坦然地呈现一个完全的自己，即便现实，也要现实得真实可爱。

用那句俗套的老话："钱不是万能的，但没钱万万不能。"

举个例子：菲菲的爱情已经到了修成正果的阶段，平日里喜欢和朋友大晒幸福的她，近日开始向朋友们大吐苦水。她说："为了结婚，把家里的积蓄都用完了，之后还问朋友们借了十几万买房子，现在婚期快要到了，家里又要开始装修，添置家具了。可是我们都已经负债累累了，还必须硬着头皮再向亲戚朋友借才能渡过难关。结婚了反而比单身时候更加累，你们说没钱，能行吗？"

爱情越是到了临近婚期的时候，"金钱"这一字眼出现的频率就越高，对生活的影响就越来越大。相反，在很多人的感情初始阶段，往往与金钱无关，人人都觉得两情相悦才最重要。但是，金钱问题从来都是感情生涯里绝对迈不过去的一道坎，早预防这个问题、早明了这个道理显然更好一些。

香港有位女作家曾经写过这样一段话：我可以没有爱情，但是我要有很多、很多的钱，如果我连钱都没有，至少我还有健康。她最后有没有得到爱情我们不得而知，但是她是真实的。真实的人，精神世界是富有的。

所以，真正的好女孩，大可不必理会周遭所谓"现实"的批判论。说女人现实的男人，只能说明一个问题，那就是这个男人还不够优秀！因为"不够优秀"，所以心虚；因为心虚，所以把过错和罪责全部推到女人身上。

一个真正有责任心的男人，他会愿意成为爱情与家庭的物质建设中心，主动承担起养家糊口的重担，让自己的未来伴侣及家庭过上一种稳定的、幸福的生活。因为他明白，女人需要一定的物质，并不是"拜金"。她只是需要"安全感"。金钱或许无法保障爱情，但至少可以保障稳定的生活，首先稳定地存活下去，然后才有资格谈爱情。

世俗常常喜欢用"道德"来绑架"真实"。人人谈钱色变，谈钱就是伤感情；女人谈钱，更是"失德败行"。但我要请问一句：生活中衣食住行、柴米油盐，哪一样不需要钱？难不成二十一世纪的我们在街头猎兽为食、做兽皮为衣？

所谓"生于忧患，死于安乐"，这句话不仅是生存法则，更适用于现代人的爱情。当你身边的朋友们的生活蒸蒸日上，你的生活却停滞不前，而你又不思进取时，那你终将会被社会淘汰。生活就像一条流水线，每个人都是流水线上生产的产品，当你作为流水线上淘汰下来的"残次品"时，又有什么资格再来谈爱情？所以女人追求"金钱"，甚或要求身边的男人追求一定的金钱，这并不是坏事，至少追求金钱可以让我们保持压力——而压力是促使你获得幸福的动力。

所以，与其做个被"道德"绑架的"假人"，不如做个"市井小人"——非议的人会有，但他们永远只是"路人"，绝不会成为你的爱人。既然如此，为什么不生活得真实一点呢？

永远记住一点：只有最真实的自己，才有可能帮你赢得他人最真实的心。无论朋友还是爱人，一个不了解、不接受完整的你的人，不要指望他会永远留在你身边。

女人究竟应不应该改变男人

　　经常会有人问我：我的男友大大咧咧从来不懂浪漫怎么办？他对他的妈妈、对他的朋友比对我好怎么办？他十分木讷，没有情趣怎么办……

　　我想说，问这个问题的女人，本身就犯了一个不可饶恕的错误。因为她们总在幻想×××会为她而改变，或者说"如果你爱我，就应该愿为我改变"。而一旦她们的期望落空，就会怒不可遏、悔不该当初，继而得出结论：我们分手吧，因为你根本就不爱我，你爱的只是你自己！

　　我能够理解这样的女人，这样思考问题的女人在女性群体中占绝大多数。她们也是善良可爱的女性，且正是因为她们深爱眼前的男人，所以才会心存期待、有所要求——想要长久地走下去，自然两个人要合拍，不能总是格格不入、闹别扭。于是，她们就希望另一半能够尽量地跟自己趋同。我们首先得承认，这是美好的意愿，出自善良与爱的本心，但并不是所有的爱都能被接受，就像并不是所有的行为都能被理解和认同。

事实上，聪明的女人，绝对不会妄图改变任何一个男人。

如果一个男人养成某种习惯已经三十年，那么纠正他的习惯至少也得花上三十年，甚至更长。请注意，我这里仅仅说的是"习惯"，并非"思维"。改变一个习惯都需要如此长的时间，改变他的思维模式和性格简直就是痴人说梦！

世界上有两件最难做到的事：把别人的钱装到我的口袋里；把自己的思想装到别人的脑袋里。前者或许还有可为，后者则几乎无望。一个人的固执来自于他成功的经验——我依靠我的那套处事思维模式，已经在这个世界成功地活了几十年，无病无灾，无惊无险，为什么我需要改变呢？

所以女人们请记住，性格没有对错。任何一种性格与思维都需要得到尊重。

所谓"性格决定命运"。女人可以在确定一个男人之前，多多挑选，多多勘察，而一旦选择了他，便意味着选择了那种性格和命运——要么接受，要么走。千万别买了辆自行车，硬是想把它改装成大卡车。

很多人认为，爱可以改变一个人。实际上，爱只能激发和诱导一个人的潜能，并不能令任何人突然改变。也就是说，他原本具有的东西，你可以用鼓励或刺激的方式令他爆发；但他从未拥有的东西，你不可能硬塞给他，就像赛亚人①可以激发变身成超级赛亚人，但不可能变成绿巨人②。毫无关联的两种人，你花再多力气，也无法为这两个类型之间架起互通的桥梁。

---

① 赛亚人，是鸟山明所著动漫《七龙珠》中的一个种族的名称
② 绿巨人，是出现在漫威漫画出版物中的虚构人物

　　所以清醒地认知你爱的人，明确你爱他的方式。爱一个人，最好的方式就是让他做自己。自我是一个人最珍贵且最宝贵的财富。替他守护好他的财富，不破坏，这比送他一座城池更能令他开心。

　　有时不妨换个角度想：我的男友不懂浪漫、不会甜言蜜语，但他会关心我是否吃饱穿暖；我生病了，他比谁都着急，这难道不是最实在的爱吗？他对家人、朋友比对我都好，那是否恰恰说明他是一个重情重义的人，如果有一天我也成为了他的家人，他也会始终关心我，对我不离不弃吧。有些男人确实很木讷，有时特别无趣，惹人生气；但正是他这么老实巴交，所以他才不会花心，才不会到处泡妞、勾搭女孩子。而这，不正是我当初认定他的理由吗？他不正是那个可以给我安全感和稳定生活的人吗？

　　"爱一个人就可以为她去死"，都是电视剧里演出的故事。现实生活中两个人相处，更多的还是需要包容与尊重。包容彼此"在你眼中"的缺点，尊重对方或许存在不足的个性。人生在世，谁又是绝对的完美？谁敢保证自己在数落、抱怨别人的同时，就没有可被别人挑剔的地方？

　　在你选择认定一个男人之前，可以给自己一副放大镜，把对方从头到脚都挑剔一遍；选择认定之后，给自己换上一副墨镜，所有的世界模糊点比较好，别总是期待淋漓尽致、光彩夺目。要知道，光鲜都是给别人看的，没有一对情侣之间满载爱情而不存在任何问题。有摩擦正是因为有爱，既然有爱，就相互尊重珍惜吧！

第二章

Chapter__2

真爱并不是无迹可寻

在生活中，我常听到女孩们说的一句话就是："找不到真爱。"我承认，于茫茫人海里找到那个"他"确实不易，但是不是就找不到了呢？答案是NO，但前提你得有双"慧眼"。

真爱并非无迹可寻

　　到底什么样的爱情才叫"真爱"？相信每个人对这个问题都心存疑惑。少年青涩时，觉得看见他脸红心跳，不见时朝思暮想就叫"真爱"；长大了，觉得愿跟随他天涯海角去流浪，为他辗转难眠、泪湿枕边叫"真爱"；受过伤之后，可能一个体贴的拥抱、一份稳定的生活，热菜、热饭、热被窝就是"真爱"……"真爱"在不同时期总有不同的表现方式。而我们对于"真爱"的抉择也随着经历与心境不断地发生变化。这些变化有时很细微，潜移默化，有时却是天翻地覆、截然相反，甚至回顾当年竟有点"自己打自己嘴巴"的意思。

　　常常会遇到粉丝问我类似的问题：两个男人，一个老实靠谱，特别适合结婚，可是总觉得少了点情趣；而另一个各方面条件都符合我的幻想，我非常非常喜欢，可总是感觉不靠谱（或与他相处总感觉很紧张、很别扭），甚至有他高高在上我被压制住的感觉，我该怎么选择？

　　这并非个案。实际上，几乎每个人一生都会经历这两种恋人。一种你可以蓬头垢面翘起二郎腿，没刷牙就对着他嚼薯片，表现最糟的自己给他看，无所顾忌。而另一种恋人，你在他面前永远诚惶诚恐，对他唯命是从，跟他出一趟门恨不得把整个衣柜的衣服都扒出来试一遍，生怕自己不够完美。跟第一种人开始恋爱，你会少些浪漫和轰轰烈烈，但可能走得长久；跟第二种人开始恋爱，你会体验天崩地裂、海誓山盟，但未必能走到最终。通常我们在年少轻狂时往往会选择后者，觉得那样轰轰烈烈、要死要活才叫"爱过"。而等我们受过伤、咽下过苦果后，才会发现原来前者才是我们幸福的归依。

　　当然，在这个问题的选择上，我从来不会给任何人意见。我也奉劝所有的朋友，千万不要就这种问题征求任何其他人的意见。因为旁人的意见必定为"无效意见"。别人不是你，没有经历你所经历的一切，无法具有和你一样的心态。再者，就算别人给了你较为中肯且现实的意见，你也不会听。每个人都会有自己的主张和想法，就算你听从了别人的意见决心照做，当你真正做起来的时候，也会打折扣。

　　那么，问题又出现了：如何找到自己的真爱，难道真的就没有任何标准吗？就没有可遵循的轨迹吗？我只能说，那倒也不尽然。

　　我们在寻找另一半的时候，就像在玩拼图游戏。只有那一小块特定的拼板，才能完美我们人生的长卷。而判断他是否是那一小块你失落的拼图，标准只有一个：你认为是否适合，请注意，我这里强调的是"你认为"。日子要自己过，感受要自己品尝，就算真的受了伤、流了血，也要学会自己擦干血泪。因为，那是你自己的判断和选择。

　　而所谓"适合"，说白了，就是你与他在一起感觉是否"舒适"。

"舒适"的标准包括：你与他在一起是否开心；你在他面前是否能够呈现全部且真实的自己；你与他之间是否有足够的默契，一个眼神、一个动作便能心领神会；兴奋的时候可以说话说一个晚上，而静下来的时候，即便靠在一起半天不说话也觉得安心，能有那种小小的幸福与安全……

满足了以上这些条件，旁人的指点江山其实一概不必理会。我们要知道，在俗世生活的庸人眼中，适合过日子的女人只有一种，就是花钱少的、听话的又长相平平的；而适合过日子的男人也只有一种，就是老实的、无情趣又不会有大成就的。但事实上呢？还是这句话，日子你自己过，感受你自己尝，彼之仙草，己之砒霜，别人认为最好的（即便他真的最好），未必就是适合你的；而别人认为糟烂透顶的，也有可能你的感受反而是最棒的。既然你感受好，为什么要放手？

"适合"是一种触觉，就像"痛"一样，必须要你拿自己身体做试验。亲身体会过了，才知道什么是痛，什么是好。不想再给自己带来伤痛的，自然不会再碰触；知道了什么是对自己好的，遇到了，自然会懂得珍惜。只要你认为"适合"，就没有对错，无需他人指点。

曾经也有人问我：我跟他完全是两个不同世界的人，能够在一起吗？感觉好像不会有结果……我于是给她讲了一个故事：一只猫和一只刺猬相爱了。爱得非常深。可是猫每次都无法靠近刺猬。因为它那满身的刺，连拥抱都会扎痛猫，弄得它遍体鳞伤。终于有一天，小猫流着泪问刺猬："你愿意为我拔掉所有的刺吗？"刺猬毫不犹豫地回答："可以！因为我爱你"……于是，过了没多久，刺猬死了。因为它拔光了身上所有的刺，血流不止……

爱情不存在"能够"与否，关键是，相爱的人到底有没有看清对方，有没有足够了解自己和对方。陷入热恋中的人一定要问自己一句话：我爱的究竟是那个真正的、完整的他，还是我心目中描绘的那个他？人是立体三维的动物，生活在立体三维且复杂多变的世界，如果我们真的准备好去爱一个人，请记得一定要了解并接受全部的他。如果一段爱情，让任何一方在其中迷失自我，甚至变成另外一个人的，它的结局多数还是会以惨淡收场。理由很简单，我们不可能永远在角色扮演中生活。我们不是演员，真实的生活也不是聚光灯闪耀的舞台。如果一个人永远不能做自己，结局可想而知……

所以"一只猫和一只刺猬能相爱吗"？我的回答是：当然可以！真爱可以超越所有界限。但是猫和刺猬究竟要如何在一起呢？法则只有一条：我能给你最好的爱情，就是让你做自己。

如果你真爱一个人，就不要强求他为你改变。要知道，一个人无法做自己，带来的最终结果必然是"痛苦"。长期的压抑和痛苦，只能导致他爆发，最终你们俩得到的也不会是美好的结局。

所以，真爱的抉择其实并不难，问问你自己的内心，遵从内心最真实的感受和声音。如果他带给你的是最舒服、最真实、最自然，那么不要犹豫跟他走。而如果你犹豫，那就代表对方并不能给你百分百的"舒适度"，不能令你完全地享受和放松。那么……你还是……再犹豫犹豫吧！

当然如果你已然下定决心做出选择，那么记得，任何时候都要有勇气和强大的内心。随时做好准备，承担爱情带来的所有伤害，并为自己的决定负责任。

男人眼中的"性"与"爱"

"性"与"爱"这个话题一直是很多人争论的焦点。从文人墨客到平常百姓，千百年来人人都为它争论不休，那么，男人眼中的"性"与"爱"究竟是什么样的？"性"与"爱"到底是可以分开还是分不开？

通常男人会认为可以"分而治之"，而普遍女性都认为"无爱之性"是一件难以接受的事情。这样的状况通常出现在男人出轨被抓后，振振有词地为自己辩解；而女人则惊愕愤怒，完全无法理解。

曾有姑娘非常伤心愤怒地问我：我的男朋友居然去找小姐，我该怎么办？如果你是我，你会怎么做？

说实话，没有哪个女人希望看到自己的男人出轨，哪怕是嫖娼也不行。但如果真的不幸遇到，而自己又舍不得放手离开，那我们可以考虑相信男人"性与爱可以分开"的言论。

这并非自我安慰，而是男人的天性确实决定了他们的属性。从生理卫生的角度来说，男女的生殖构造本就不同，男性的生殖系统是外露型，而女性的生殖系统是"内置式"，这就注定了男女对于性态度必然有所不同，男性是开放式，而女性是隐藏式。从动物角度来说，交配是因为有繁衍后代的需求。女性每月都只能制造一个卵子，如果排卵期时遇不到合适的时机，让它孕育生命，那么卵子会自动脱落，造成每个月的经期，换句话说，错过，也就错过了，没有"必须"释放的需求。而男性则不然，男性每天都可以制造很多精子，并且精子积累到一定量后，都有"不得不"释放的欲望。某些男人较为自律，于是便有了"遗精"现象，但也有某些男人浪荡不羁、难以自律，其结果……

张爱玲的著名作品《色·戒》其实就很好地阐明了这一道理。可能无数人看过这部由同名小说改编的电影，但我不知道有多少人真正看懂了它。很多人在里边看到了色情甚至变态，但其实它背后蕴有更深刻的含义："色"与"戒"实则当一分为二来看。有些人看起来很"色"，但内心很"戒"，即便上床再多次，也难以触碰到他真实的内心，这类多数是男人，就像易先生。而某些人看起来很"戒"，其实内心很"色"，一旦她好上你这口儿，你就走进了她心里，而一旦走进心里，她愿意为你去死，这类多数是女人，一如王佳芝。

于是，男人与女人对待"性"的态度泾渭分明。

条件好的女人，身边通常缺少男人，因为女人的心，在身体里边。不是自己爱的宁愿拒绝，也不愿伤害。而条件好的男人，身边通常一堆女人，因为男人的身体，在心外面。不是自己爱的，就无所谓伤不伤害，于是照单全收，从来不需要拒绝。

由此显而易见，对于女人来说，"性"和"爱"是无法分开的。有爱，才有性；因为有了性，所以更加爱。而对于男人来说则不然，男人有爱，必须有性；但有性，却未必有爱。或者更进一步挖掘，"男人用下半身思考"这句话，一定是女人说的。因为它用的是女人的理解模式。其实男人在使用他们下半身的时候，从不思考，这就是男人和女人的区别。男人会花心思琢磨一个女人，一定是因为"爱"；男人跟一个女人上床，不见得需要"爱"。

这个事实或许有些残酷，令某些姑娘无法接受。但事实就是事实，我们无法改变，却可以自律。譬如，并不是所有男人见到美女都想带上床，因为除了"天性"之外，他们还有其他作为"人"的思考与责任。男人会思考这样做会不会对不起爱我的女人，会不会伤害她？又或者这样做，是不是太过兽性，令人瞧不起……

所以姑娘们，尽管事实残酷，但也不用灰心，这个世上还是男"人"多，雄性少，如果你有幸碰到一个懂得自律的男人，记得千万要珍惜。不仅仅因为他是一个懂得爱与珍惜、对你忠诚且有责任感的男人，更重要的是，他能够战胜天性（即动物属性），这样的男人必定能够成为一个出色的男人，因为他拥有极高的意志力与极强的理性。

而如果你不幸遇到了一个不懂自律的男人，那也不用太伤心，即便你无法消灭男人的天性，但你始终拥有选择离开或者留下的权利。如果你从各方面衡量下来，他确实还有值得你留恋的地方，那么就从他的天性下手，时常给他敲敲警钟，用你的魅力和柔情牢牢抓紧他。当然还有一条要谨记：犯错，一定要有代价。刀割到肉才知道疼，火烫伤手才知道悔，他才知道下次不敢玩。太过轻易的原谅，只能造就他再次的犯错误。让男人尝到"一朝被蛇咬"与"警钟长鸣"的滋味，才能有益于他更好地自觉自律。

　　所以，女人要想清楚，看透彻，知道自己能接受到何种程度，再去接受何种爱人。

这样表白成功率最高

爱情的序曲是好感与喜欢，而喜欢的第一步就是表白。常常有人问我，喜欢一个人该怎么向他表白，让他知道？我暗恋一个人很久，可就是没有勇气表白怎么办？那么大人了还从没向人表白过怎么办？

对于这样可爱的问题，我通常只能一笑置之。

这个世界上还有比表白更简单的事情吗？

喜欢就说"喜欢"，不喜欢就说"不喜欢"。人家有感觉自然接受你，没感觉当然就放弃。简直就像1+1等于几，这难道是个值得伤脑筋的算术题吗？

女人向男人表白的方式，无外乎两种：

一、勇敢。有爱大声说出来。所谓"女追男，隔层纱"。女人追男人通常会比较容易得手，其原因并不是说所有男人都喜欢被女生追，而是男人对于主动对自己示好的女人通常会不太好意思拒绝。一个大男人本当顶天立地保护女人，成为女人的依靠，又怎么好意伤害女人、让她为自己伤心落泪？何况那还是一个一心一意爱他、对他好的女人。

所以，不用怀疑。当一个女人大胆地、响亮亮地说出那句"我喜欢你"时，这个女人首先是勇敢的，其次是可爱的。勇敢的人乐于进取和付出，可爱的人不用说，至少不会招人厌烦。

二、用女人独有的方式来"诱惑"男人来向你表白。

如果说前一种方式需要勇气，那么这种表白方法就需要头脑和技巧。一个女子最能让人心醉的迷人之处，莫过于在一个男子汉大丈夫面前表现出自己的娇弱。一个魅惑的眼神，一句暧昧的话语，一个主动却不着边际的邀请，诸如小鸟依人苦恼万分地说：糟了，加班这么晚，一个人怎么回家啊，我害怕……

男人是骄傲而激进的雄性动物。在多数时候，雄性动物侵略与占有的本能都会刺激他们主动向前。如果他确实对你有意，一点点小小的暗示，都足以激发他们的荷尔蒙；若暂时无意，也没关系。一点一滴，让他感受你的关怀与"诱惑"。这种方式的唯一行动准则：如果诱惑不到，只能证明诱惑不够。

当然在所有的表白里边，还会有一种特殊情况，就是你一不小心爱上了哥们儿或者闺密的前任。这相对于最普通的恋情来说，是会更容易给人造成困扰的。但试问：今天你哥们儿或姐妹儿买了根雪糕，吃两口扔了，你可以把它捡回来接着吃吗？

回答是：当然可以！理由有三：

一、你帮她杜绝了浪费。

二、你都不介意吃她的口水了，他（她）还有什么好介意的？

三、爱情面前，最重要的是敢作敢当。既然你选择了跟他在一起，有什么理由不召告天下，尤其是告诉他，你爱他？

不要让任何理由成为堵塞你喉咙的借口！爱他就请大胆地去表达，让他知道你义无反顾的心意，让他知道，他配得起你义无反顾的心意！

嫁有钱人，是门技术活

　　随着近年来"富豪相亲会"的大热，女人嫁入豪门的梦想已不再是明星专属。普通姑娘，尤其稍有几分姿色的姑娘，更是一窝蜂地削尖了脑袋往豪门里钻。

　　曾有外媒问我：你觉得中国社会目前浮躁的状态是否也影响到了中国年轻人的婚恋观，以致于姑娘们（或丈母娘们）都是非经济条件好者不嫁，没房、没车者更不嫁？

　　我回答：这并不是中国社会的状态，而是全世界包括发达国家都经历过的状态。新加坡经济不错吧？就有新加坡的"白骨精①"特地飞来中国参加富豪相亲会。美国发达与文明的程度都够高了吧？美国电视台多年前

---

① 　白骨精：此处是白领、骨干、精英的代名词，专指那些拥有高学历、高收入、高层次的"三高女性"，是职场的半边天。

就做过一档名为《谁能嫁给百万富翁》的真人秀节目，并取得了当年收视冠军。"No money，no honey（没钱，就没有爱）"这句话可不是中国人发明的，我在小学时代就听过。

哪怕再普通、再平凡、再乏善可陈的女孩，你问她"嫁入豪门乐不乐意"，大概全世界不会有太多的姑娘会给出否定的答案。人追求物质生活是内在需要，这并不可耻。马斯洛的需求层次理论曾指出，人首先有生理与安全的需要，然后才是情感归属、尊重、自我实现等精神方面的需要。生理需求少不了吃饱穿暖，安全需要包括治病防灾，这些都需要花钱。人离开了物质，生存必然成问题。命都没了，谈什么都是扯淡。

所以，我从不对物质需求持批判态度，也不认为谁有资格能站在道德高地批判那些想要嫁入豪门的姑娘。在这里，我恰恰想与大家讨论的是"如何才能嫁入豪门"。

很多人以为一个姑娘只要长得美，就是天生的少奶奶命。实则，现实生活中你会发现，并不是所有富豪背后的女人都倾国倾城，恰恰相反，有很多富豪的太太其实都很普通，貌不惊人。有些富豪的所谓的"二奶"常常感叹自己既美丽又性感，且深谙风月之道，怎么他就是不肯离婚娶自己呢？显然，她们并不明白，嫁入豪门其实是门技术活儿，且能够最终进入豪门的，永远只是那几类。

增光添彩型

一句话概述就是：你必须有能够让男人为你骄傲的地方，你能够直接或间接帮助到男人。大多明星、名媛、名门闺秀都属于这一类。名媛、名门闺秀就无须赘述了，自带金库来的，指不定谁靠谁、谁帮谁。男人今天为老婆花出去一百万，明天老婆他爹或老婆身后的关系就能为男人带来一千万。男人不是傻子，就算是傻子，这样浅显的算术题，谁不会算？谁算了，会觉得不划算？至于明星，千万别以为她们只是靠脸蛋和虚名忽悠男人。实则，她们也间接给男人带来很多帮助。譬如，霍启刚与郭晶晶，很多人都在赞叹他们是金童玉女，羡慕郭晶晶飞上枝头当了凤凰。可是有没有人想过，身为香港奥委会主席之子的霍启刚，能够娶到国际知名的奥运冠军郭晶晶，对其父乃至对其自身的人气与声望提升有多么大的帮助。而其他女明星也差不多同理，除了能带出去、说出去让男人有"面儿"之外，能够娶得起明星的男人，在世人看来必定具有一定实力。男人出去做生意，人家至少不会怀疑他是个空壳吧？这样，男人就在无形当中增加了自己在生意场上的砝码。

贤良淑德"长嫂"型

为男人增光添彩需要自身硬件的支持，这并非人人都能做到。但对于一个人是否贤良淑德至少大家都懂，能不能做到、做得好不好，就看个人悟性了。说到"长嫂"，相信大家都听过"长兄为父，长嫂为母"这句话。豪门大家族，兄弟姐妹自然少不了。当好一名长嫂，可并不只是因为你嫁给了长兄这么简单。这其中有太多奥妙，总结来说，就是你必须具备善解人意、七窍玲珑心。在长辈面前，你必须孝顺、恭敬又能干；在叔伯、小叔子面前你必须周到又有范儿，分寸拿捏得不差分毫；在老公面前你自然要温柔体贴，即便有矛盾、有意见也要学会忍让。

举个反面例子：Z小姐如愿以偿钓到一金龟婿、富二代。那天，她首度跟男友回家吃饭，见男友家长。男友的父母都是纵横生意场几十年之人，阅人无数。他们在第一眼看到Z小姐时便不甚喜欢，但在表面上并未做太多表现。男友为了替Z小姐争取父母的印象分，于是在晚饭后就提议让她去厨房帮忙洗碗，谁知Z小姐哭丧着脸洗了两个碗之后便甩手不干了，回到二人世界后更是又哭又闹指责男友。她说："你娶老婆回来是该疼爱的，不是用来当用人使唤的！"结局可想而知，没过多久，两人分道扬镳。出身普通人家的女孩子，千万别幻想着一脚踏入豪门便可纸醉金迷、荣华富贵享不尽。事实上，越是大家族，规矩越多，对你的要求越多，家长也越严苛。你可以天天LV包、爱马仕包轮着背，但首要记得：这一切并不是天上掉陷饼。"豪门太太"也是一份工作，需要你更加小心翼翼地去经营。譬如Z小姐，她就是因为不能明白其中玄机，而与豪门失之交臂。当豪门太太的要诀就一个字：忍。忍无可忍，还需再忍，除非你想离婚失去金饭碗。

个性十足魅力型

如果前面两种的操作性对你来说都有难度，那么不妨试试这一种。一字要诀：钓。

找男人如钓鱼。富豪公子也是鱼的一种。什么样的饵，钓什么样的鱼；放多长的线，就钓多大的鱼。普通的鱼饵在市场上已经泛滥了，鱼儿见多了自然不稀罕，更何况富豪阅历颇丰，貌不惊人的几条小蚯蚓又怎么能吸引他的注意力？

所以首先，你要足够特别，有个性。

什么才叫有个性？富豪开着跑车追在你的屁股后面要送你，你二话不说赶紧上车，那不叫有个性；你甩手一巴掌上去，喝道："再跟着我就报警。"那才叫有个性。富豪在酒吧里搭讪，请你喝一杯，你一口答应接过杯子，那不叫有个性；接过杯子把酒全泼他脸上，那才叫个性！所谓个性，其实就是"特别"。

台湾一位著名女主持人曾说过：能让你成功的不是才华也不是能力，更不是美貌，能让你成功的是"特别"——你有多特别，就能拥有多大的成功。用在对待富豪身上，也是这个道理——你有多特别，就意味着对他有多大吸引力。最好是绝无仅有、前所未见、空前绝后的特别，这样的你一出现，就能死死抓住他的眼球，继而抓住他的心。"特别"帮你完成了第一步：吸引。但千万别以为自己已稳坐钓鱼台。如果你这时把持不住，架不住他用鲜花、礼物、柔情的攻势就此被降服，那么对不起，不出三个月，他必然将你换掉。理由很简单：你和其他女人一样，都那么容易搞定。想彻底迷住一个男人，一定记住"放长线钓大鱼"。雄性动物的通病便是征服欲。男人天生好斗，越是拿不下的人或地盘，越能激起他们的欲望。

第二步，就是让他去想。

让他去想特别的你到底在想什么、到底想要什么，让他去想他要如何才能得到特别的你。当一个人天天都在想"你在想什么"的时候，他就已经输了。

第三步，自然少不了消耗他的成本。

泡妞需要成本，人人明白这个道理。时间、金钱、精力……这些都是成本。一个男人在你身上花的成本越多，越不舍得放手。劳斯莱斯豪车损坏了，富豪也会心疼，若是QQ小车撞烂了，富豪压根儿看都不会看一眼，因为那根本不可能是属于他的座驾。你是劳斯莱斯，还是QQ，全看富豪在你身上下了多少成本。

综上所述，嫁入豪门绝非想象当中那么简单。灰姑娘出门逛个街，碰巧就遇到了王子。王子爱她如醉如痴，娶回家任她为所欲为，那些都是童话。现实生活恰恰是王子不会轻易来，豪门一入深似海。

如果你没有把握成为以上三种类型的豪门贵妇，那么还有最后一种选择，就是"碰运气"。调整自己的目标，瞄准身边的潜力股、奋发上进男，万一他哪天鲤鱼跃龙门，你也自然跟着妻凭夫贵。当然，股市有风险，投入需谨慎。"潜力股"到底有多少潜力，又或者"潜力股"是不是伪装良好的"垃圾股"，那拼的就是个人的眼光、胆色，还有最重要的运气了。

"备胎"这件事儿

　　L小姐近日失恋了，终日郁郁寡欢，她把她那位奇葩"男友"的不靠谱的事迹向一帮姐妹吐槽了一遍又一遍：前一天晚上他还在海边准备了香槟、美酒、鲜花为她庆祝生日，两人相偎坐在海滩边，缠绵亲吻，在他们面前是他一早布置了的摆成心形的蜡烛，在烛火与酒精的催化下，让两人身心合二为一。她差点以为他们能够就此长长久久，永不分离。没想到第二天，在两人共同所在的一个微信群里，那个男人热情地宣布：我女朋友来看我啦，大家出来聚聚吃个饭吧！她这才知道，原来他早有女友，只是两人不在同一城市，无法朝夕相处……

　　那个男人，L小姐的姐妹们都见过。因为他的出现，L小姐还一度成为了众姐妹羡慕嫉妒恨的对象。此男高大、英俊、有才华，名校双硕士毕业，现任某世界100强公司高管。他收入颇丰，且肯花钱、会花钱——请注意，很多人以为俘虏女人的是金钱，诚然女人是爱钱，尤其是漂亮女人。因为，有钱才能将自己打扮得花枝招展、光彩照人；有钱才能多听音乐会、多参加画展增加艺术修养……但爱情的战场上，真正能俘虏女人的往往不是最有钱的土豪，恰恰是那些中上阶层有一定修养与学识、懂得浪漫的有钱男人。

譬如L小姐。她名校毕业，某知名航空公司空姐，身材长相俱佳。身边多的是暴发户围着她转，可她偏偏一不留神做了男人的"备胎"，这究竟是为什么呢？

说白了，"备胎"这玩意儿，跟学历、长相、生活层次都没关系。越优质的男人，越容易给自己留"备胎"；而越高知的女人，越容易成为这些男人的"备胎"。理由很简单：男人越优质，越容易自命不凡，不想就此"在一棵树上吊死"，更怕万一受到伤害而没面子，所以通常情况下，他们都会希望自己手里有三五个甚至七八个"备胎"，以防万一，满足自己的虚荣心。而女人越高知，越看重"感觉"。而感觉又是虚无缥缈的东西，不像金砖、银瓦那么实在，女人在这时候就只好闭上眼睛凭着感觉一头乱撞了。实际上，稍微用点头脑分析就可以发现，女人所谓的"有感觉、懂浪漫、懂我"，总结起来就一句话：这个男人非常懂得女人的需要。而男人对女人的机敏，往往来自后天的实战训练。一个阅女无数的男人，想不懂女人也难；一个懂女人的男人，想让他不被女人爱更难；一个被无数女人爱慕着、宠着的男人，想让他老老实实从一而终更是难上加难！

其实，"备胎"现象在如今的年轻恋人中很是普遍。年轻人总是年少轻狂，总以为能把世界纳入囊中，对于精彩的世界，总觉得还没看够、玩够、经历够。

总有女孩儿问我，发现自己的恋人有"备胎"怎么办？

我的回答是：

"备胎"不等于出轨，过度紧张反而适得其反。

以彼之道，还施彼身。他有"备胎"，你也有后备军。后备军的数量多少不计，也不是真要你背叛，为的只是生气、难过、心里不平衡的时候，还能找到个人陪自己聊聊天，平衡一下。

提升自己。如果爱情是一场竞赛，最优秀的那个才能胜出，笑到最后。换言之，今天你足够优秀，他不会舍得把你扔掉；而只要你足够优秀，遇到比他更优秀的人，你也可以轻轻松松把他换掉！

当然如果你不幸发现自己成为了某人的"备胎"，也不要觉得伤心绝望。你最需要做的是调整心态，正视自我：我到底是不是真的爱他？我爱的究竟是他，还是自己幻想出来心目中美好的幻象？我还愿不愿等他，继续承受"备胎"的屈辱？

执着的前提是要懂得区分，世上有些人你可能等到，有些人你等不到。不爱你的人，你可能等到他感动；但玩弄你的人，你等不到他的真心。把你当路人甲的人，可能终有一天发现你的好；但拿你当"备胎"的人，最终还是会把你忘掉……

很多人都愿意享受被喜爱、受追捧的感觉。你要理智判断：你的执着究竟成就了可能的未来，还是仅仅是某人的虚荣心？若是前者，你可以等；若是后者，劝你越早清醒越好。

以前也曾有过新闻报道说，一个小伙子在迎亲当天，因新娘提出不买

LED大彩电就不让进门、不结婚的条件，于是小伙子转身就走，他去到隔壁一个小区，敲开另一个姑娘的门，跪地求婚。姑娘泪流满面当场点头，婚礼酒席当晚照旧……

这显然已是"备胎"的极致，终能修成正果。但仔细想想，那个"备胎"姑娘面对突如其来的求婚，难道没有过一丝怀疑？去到婚礼现场，发现新娘的名字和照片都不是自己将作何感想？婚后的生活，真的能够把这个心结解开吗？她现场留下的泪水中，是否蕴含了更多深意？

所以，"备胎"有风险，投入需谨慎。除非你确定自己手上的牌足够比他大，后备够充足，又或者你有足够坚强的心脏和超常的毅力，能够承受一次又一次的失落，打死不会回头，否则别轻易让自己进入"备胎"的环节。

当然，最好还是诸位能够擦亮双眼，别被幻象或自己的幻想所迷惑。生活毕竟是实实在在的，祸福相依，当你发现一个男人的条件包括他所作所为都完全契合你的想象、完美得无可挑剔的时候，还是先冷静下来，多问自己一个"为什么"吧！

哪种女人注定会被男人骗

当L小姐正在愤愤不平地咒骂她的不靠谱男友时，D小姐也正陷入情感与金钱的双重打击中。别误会，D小姐十分富有。自从与前任丈夫离婚后，她分得一大笔财产。她家中的豪车排队，名表成箱，在世界各地都有自己的别墅——至少她在朋友圈里是这样展示的。大家经常能看到她在朋友圈中晒出各款名表、名车，以及位于美国西海岸的无敌风景大house①。除此之外，还有她身着各色比基尼和性感礼服于各地巡游的照片，还有无数有钱男人向她求婚的消息。

可能很多人要问，生活得如此富足、无忧无虑，她还能受到什么打击？简单一句话，她被人骗财又骗色了。她的未婚夫向她借款不成，继而逼婚；逼婚不成，又偷走了她的信用卡和保时捷跑车。还威胁她说要把他

———————————

① house，房子、住宅的意思。

俩曾经的性爱视频放到网上，让大家看看她是一个多么淫荡变态的女人。最可笑的是，这样一个小偷，竟是她口中曾津津乐道视她如珠如宝，动不动以钻石、名表相赠的所谓的"超级富二代"。

诚然，作为朋友，我们对她是否"淫荡变态"并不感兴趣，对她的经历遭遇也有目共睹。但不得不说，她有今天的结果，委实是应得应份，算不上委屈。她值得可怜，但并不值得同情，有句话怎么说来着？可怜之人必有可恨之处。可以说D小姐是十足的咎由自取，完全成为了"女孩如何保护自己"的反面教材。为什么她注定会被骗？

首先，一个女人经常在朋友圈中晒各色奢侈品以及豪宅、名车，说明了什么？说明了她"可能"有钱，且"肯定"虚荣。有钱与否或有钱到何种程度，外人无法精确判断，但虚荣却是一眼可见端倪。

其次，女人动不动就在朋友圈里晒比基尼和性感礼服照，动不动就是夜色party加旅行，除了让男人看到她身材良好、前凸后翘外，还看到了一点：她很闲。女人有大把的时间不是用于工作而是用于社交——这个女人空虚寂寞且无聊。

最后，女人总在朋友圈里炫耀自己被人追，男人围着她团团转，无疑向大众准确地传递了一个信息：她是单身。

当然，她确实是想让大家看到她单身，且条件优质，天天出入高档场所。她觉得这样才能吸引到她想钓的金龟婿，只是她不明白，她在传递这些信息的同时，也同时让大家看到了她的虚荣、寂寞和无聊。一个有钱、虚荣又寂寞无聊的单身女人，骗子不找你找谁？

现代社会，确实有不少这样的女人存在。就算自身学历再高，能力再强，她的最大目标并不是成就一番事业，而是嫁个有钱的老公，让老公养她一辈子。所谓的那些履历、事业上的成就对她们来说，跟每天要敷的面膜、搭配的包包一样，都是用来装点自己的装饰品。她们真正想要的好工作是当一名"阔太太"，为了这个，她们不断充实和打造自己，努力奋斗往上爬，爬上另一个阶层，只为了从此游手好闲每天在家敷面膜。

我不鄙视这样的人生观，但我鄙视没头脑的女人。女人当然可以靠征服男人来取得世界，但你要明白你征服男人的资本是什么。是容貌？再标致的脸也架不住风霜和地心引力。是身材？再魔鬼的身材也有乳房塌陷的一天。那么你还剩下什么？学识、事业、社会地位？这些早就在你找到男人之后被扔进了垃圾桶。是剩下的阅历吗？你的阅历如果只限于"如何傍上男人花好男人的钱"、"哪个品牌的包包最好"、"哪款车最棒"，请问哪个男人会因为这个爱上你？

当然，美貌是女人要竭尽一生去维护的。但就吸引男人而言，聪明的女人是绝不会轻易放弃自己的事业与天地的。可以想象一个男人几十年对着同一张脸，就算是嫦娥下凡也会腻了。到这个时候，还有什么能成为你吸引男人的资本？你还有什么能满足男人的虚荣？你所能拥有的，也唯有事业了。

男人都是虚荣的动物。他们挑选女人和挑选车子、挑选皮带其实没什么分别，都是为了满足自己的虚荣心。什么样的女人站在他们身边能够让他们感觉有面子，他们就会挑选什么样的女人。这就是为什么那么多明星、名媛能够嫁给富商的原因，因为带出去有面儿。

同理，一个女人除了在朋友圈炫耀豪宅名车、富人生活之外，别无其他。诚然你可以告诉到一部分人，你身处某个阶层，你配得上这个阶层的男人，但请别忘记，女人多数要找的往往是高于自己的男人。一个阶层在你之上的人，会被你成天炫耀的那些东西打动吗？当然在一定时间段内，它或许也能起到一定的迷惑效果。男人会自豪一阵子：我的女人不是看中我的钱，而是真爱我，因为她本身就很有能力、很有钱。但是过一阵子之后呢？当你奔着你的目标而去，放弃原本的能干、伪装，纯靠男人养活，来满足你的奢华欲望，你觉得男人还会爱你，还会尊重你吗？

事业是女人永远的姿色。无论你找到的男人多么出色，或者你想找的男人多么有钱，但请永远不要忘了装点自己，哪怕只是伪装。为了得到男人永远的尊重与爱慕，学识、修养、阅历、对事业的追求，哪怕只是伪装也要尽力装下去，并且要装得像！

世上没有"不稼而穑"[①]、不劳而获，想让自己的生活富足无忧，起码也得学会用点脑子。

无数事实都在证明这样一个真理：被虚荣心毁掉的女人，远比被爱情毁掉的要多得多。

---

① 指既不耕种又不收割之意，指那些不劳动的人

擦亮眼睛，看穿"伪富二代"

D小姐被骗后忿忿不平，她在朋友圈中每天发表的内容就是咒骂那个"伪富二代"男友。她将他骗钱、窃车甚至威胁她的事，晒到人尽皆知，仿佛成衣店出售的样衣，每个人再次看到，都会说：这个我知道。她的朋友中有好心安慰的，有帮忙一块儿痛骂的，也有不屑一顾的。

安慰帮腔的自不必说，不屑一顾者则认为：你自己动机不纯，想钓凯子，结果反被小白脸坑，这怪谁？摆明了自找的嘛！

这其中的是是非非，我们无需再回顾。一个巴掌拍不响，既然大家都进了泥坑，谁也别争这份清白。

这里想说的是，"男色"与"女色"的问题。不能说现如今是一个出卖色相的年代，但出卖色相以养活自己，在现代社会看来已没有那么十恶不赦、不可饶恕。何况这年头，想卖就卖的，那是苦力；想卖，还能卖出好价钱的，那才叫实力。

通过出卖色相换取美好生活的人古已有之。只是旧时的方法比较单一，无非成为名妓多捞点本钱，嫁与达官贵人为妾，以保一生荣华。

而今天，美貌经济遍地开花。各色选美，各种帅哥、靓妹夺人眼球。名模、影星、演员凭着骄人的外貌赚着天文数字的酬劳。次之，各种美女瞄准各种老板，指不定哪天就嫁入豪门飞上枝头。这其中的杰出代表不得不首推邓文迪。尽管她利用美色踩着男人往上爬的经历还是让很多人不屑，但人们不得不惊叹：这女人，真不是一般的牛×。说实话，跟她相比，那些只有青春和身体，没有脑子的傻妞，真是等而下之。

而在出卖"色相"的大军里，不知何时开始已多出一个庞大分支——那就是：男人。

在这个号召人人平等的时代，好色已不再是男人的专利。长相标致的帅哥，八块腹肌、倒三角身材的猛男，以及各色爱摆酷的"型男"早就充斥了我们眼球。电视上、杂志里、现实生活中，"男色"显然以来势汹汹的姿态在与"女色"的对峙中，取得了压倒性胜利。

电视上，有女主持人大声宣称：谁说只有男人能骚扰女人，女人难道就不能骚扰男人？看见男人结实的肌肉，难道你就不想伸手摸一摸？去理发店理发，去商场购物，我也愿意为了一个长相英俊的理发师或服务员付出更多的钱。

生活中，某某男星被包养，某某帅哥司机"嫁给了"大他十多岁的富豪女老板的新闻与逸闻比比皆是。就是再普通的男人，也开始希望找到个老婆能让自己少奋斗二十年，或者至少比自己条件好。

也听过不少女人被男人骗财骗色的故事。通常都是以结婚、恋爱为名，甜言蜜语、小小投入在先，而后狠狠把女人坑一笔跑路。

究其原因：

是"男色"魅力。如今的男人已过了那个"顶天立地、养妻活儿"的纯真年代，他们开始意识到"色相"也是自己的一种资本。英俊的容貌更是不少男人的骄傲。

女人都是心软的动物。再强、再有钱的女人多少也难逃传统思维的影响。女人一旦有了老公或遇到了认为可走一辈子的男人，便自然一心一意，全身心付出，这时候，正是男人下手的大好时机。

女人本身有软肋。女人的最大软肋就是缺男人。一个男人终身未娶，天天更换女伴潇洒到老，还能赢得不少羡慕的眼光；而一个女人胆敢依样画葫芦，换得的必然是世人所谓的天理难容的指责与唾弃。社会的传统划分了男人和女人的职能，同样也划分了男女的社会属性。女人被社会所定的属性所绑架，女人被认为天生就该相夫教子，哪怕你再强、再成功，没有婚姻的女人始终是以凄凉收场。这是社会对女人的认知，也变成了女人对自己的认知。女人到了适婚年龄还没有伴侣，这就成了女人的死穴。有死穴的人最易着急，一着急，则必然出错上当。

在此，我无意谴责男人出卖色相。人人生而平等。如果女人能通过色相换取自己一生衣食无忧，那么男人也没什么不可以。

只是女人要切记：

别那么快被男人的糖衣炮弹所迷惑，遇人要多看、多观察。开兰博基尼的"富二代"，没准儿他只是付了一笔租车费；柔情蜜语、发誓今生非你不娶的帅哥，也可能正暗自算计你的财产。

世上没有永不露馅的谎言，也没有从不需要休息的演员。你乐意掏钱消费"男色"，那是你情我愿、大家开心。若不乐意，就要学会区分"拆白党①"与"真情郎"。你问我如何能分得清？一个词：细节；一句话：于细微处见真知。

---

① 拆白党（赤膊党）（普通话：chāi bái dǎng；吴语上海话：Tshaq baq tan）是20世纪20-40年代的上海俚语，泛指上海地区一群以色相行骗，白饮白食、骗财骗色的青少年，多属男性（流氓、小混混，城市地下黑社会）。后来拆白党（赤膊党）的声名大盛，连外埠都知道这个名称，凡属骗人财物的案件，国内皆称为拆白行为。

陪男人玩够"暧昧"

"暧昧"作为一种模糊的情态，也是恋爱的前奏，男女在互有好感又互不挑明的情况下，不阴不阳、不咸不淡地相处，为的是相互观望，仰观俯察，不急于见兔子，也不轻易撒鹰。"暧昧"也有可能是甄选进行时，因为刚开始人不知道哪个更好、更适合自己，所以一并先留着，细作比较，择优录取。当然暧昧也有可能让两个人止步不前，爱情尚未萌芽已胎死腹中，那是因为经考察比拼，你已落马，别人没兴趣跟你玩儿了。

很多人以为热衷于玩"暧昧"的多数是女生，恰恰相反，在经常向我求助吐槽的人群里遭遇"暧昧"手足无措、苦恼烦躁的往往是女孩。

也就是说，现代社会，真正的"暧昧高手"往往是男人，并且是优质、高知、颇能吸引女孩的男人。

在所有向我求助和倾诉的女生中，有最高纪录高达五年之久，两人却依旧进行着"暧昧"长跑的；也有今天刚被表白完"我对你有好感"，明天就转脸不理人的；为此，她们百思不得其解，这些男人到底在想什么？他到底喜不喜欢我？到底想不想好好跟我在一起？我到底该怎么办？

一般来说，遭遇"暧昧"的女生很少会主动挑明：Hey，你到底什么意思？到底想不想跟我谈恋爱？要谈就好好谈，不谈拉倒！她们更多的是顾虑重重：万一遭到拒绝，那多没面子？我以后看见他该怎么说话？怎么相处？我们还能不能做朋友？

通常，我给她们的意见会是：着什么急啊？ "暧昧"这玩意儿又不是谁的专利，想玩儿谁都能玩儿！

譬如玩"谁是木头人"的游戏——谁先动，谁就输了。遭遇"暧昧"最先沉不住气的人，往往是那个不管三七二十一率先跌入情网的人。女生容易被男人的某些小情、小调、小情绪打动，因此，"被暧昧"黏住的往往女生居多。还是那句话，当你每天在想"他在想什么"的时候，你就已经输了。

其实，"暧昧"是一个非常好玩的小游戏。对待它的态度，不可太过认真，需带点游玩心态。每个人都有可能陷入与他人的"暧昧"中。想从中取胜也并不困难，女人只需掌握两大原则：

享受它，而不要急于打破它。换个角度来看"暧昧"，它实际上对你非常有利。

你可以全无负担、不负任何责任地享受他对你的好，你甚至可以肆意妄为——你对我好，那是你活该；你受不了我对你不好，那是你想不开。说白了，请问大哥：你是我什么人？非老公、非男友、非情人，你凭什么要求我也得对你好？

"暧昧"给了你充分的时间去了解和观察一个人。

　　世上大部分人都善于伪装，尤其是想追求你、博取你好感的人。如何读取他的内心世界，发现他真实的品质，那需要一个聪明的头脑和一定的时间。如果你不够聪明，那就更需要时间。一个人再高明的伪装也会输给时间，那些不经意间暴露的小细节——用心观察，只要他是猪八戒，绝对成不了正品唐僧！

　　"暧昧"给了你很好的机会去"广撒网、多捞鱼"，指不定哪天你就捞起来条大金枪鱼，你还抱着那河沟里的小鲫鱼做什么？记住：机会人人均等。"暧昧"其实很公平。一个人在给自己时间和退路的同时，也把时间和退路留给了你。人家东挑西捡、举棋不定，你为什么非要拿根上吊绳儿吊死在他面前？这个世界除了男人就是女人，天下儿女千千万，不行咱就换。多种几棵小树苗慢慢培养，指不定哪棵就成了参天大树了。到那时候，再择其一吊死也不迟！

　　别去猜他在想什么，让他来猜你在想什么。

　　通常爱搞"暧昧"的人不是有"选择恐惧症"，就是贪心、大胃口。他总以为自己魅力大到坚不可摧、无人不爱的地步，因此，他要么就是不肯轻易下决断，生怕选错人；要么就是都吊着，哪个都不想失去，不为别的，就为了给自己长点脸，满足一下虚荣心，在别处失意时，他还能看看手机通讯录里的"暧昧女人"，告诉自己"还有那么多人爱我、为我痴狂"。

　　就像逛街买菜，有些人因为不知道自己到底爱吃什么，便秉承"抓到篮里都是菜"的精神，把市场里每个品种的菜都抓到自己的篮子里，等回家再慢慢试哪个好吃、哪个不好吃。对待这种人最好的办法，就是让他遍尝百草，却唯独吃不到你，你就会成为他心目中的万年灵芝，人世间唯一的珍品。

因此，千万不要过度为这种玩"暧昧"的人分心。他嘴上再甜、再能忽悠、再以生死相许都不要管他，你心里要清楚自己在干什么，这是一场竞技，坚持到最后的才是赢家。一旦你上赶着往他身上贴，他便往后退。可当你往后退的时候呢？呵呵，你懂的……

你的行为举止越躲躲闪闪，态度越忽冷忽热，感觉越神秘，他就越会被你吸引，越会费尽心机想要了解你、得到你。就像煽火，煽一下便旺一点；再煽一下，再旺一点。等到火势熊熊到足以撩人时，他自然把持不住、乖乖地被你收入囊中。

当然，这两大原则之下，还有一个更重要的前提，那就是你必须时刻风情万种，毫不放松。你要让所有人看到你每天神采飞扬，花一般地盛放——尤其是他。这样的你给他的心理暗示是：老娘吃得下、睡得着，身后追求者大把，才不会为了你的忽冷忽热而费神、不开心。你的小把戏，姑娘不是没瞅见，只是压根儿不在乎，并且根本瞧不上！

所以，亲爱的女人们，不要排斥"暧昧"，而要去享受和利用它。"暧昧"是你成为一个风情万种的女人的必修课，是你投入恋爱、抓牢男人心的"战前演习"。而陪你玩"暧昧"的人，只是助你修行演习的陪练、让你变得更加迷人的道具，多年后，你会发现，只有在"暧昧"期，你的嘴角才是始终上扬的……

"空窗期"如何自处

　　一直觉得"空窗期"是一个非常有意思的词——我大开窗门、虚席以待，只为等你来。前一段感情已然结束，下一段感情没能及时跟上，在上一段感情和下一站幸福之间，我们又该如何自处？

　　人人都会经历"空窗期"。遇到这个时期，每个人都有不同的反应。有些人痛苦、失落，穷极无聊；有些人寄情于工作，化身工作狂；有些人则会在这段时间饥不择食、慌不择路，迅速挑选身边一个"备胎"或暧昧候补对象顶上，投身于他的怀抱，等过一阵自己清醒了，又或者遇到更好的人选了，则迅速把候补对象一脚踢开。

　　任何一种做法的背后都有原因，我们无须站在圣人的角度俯视众生。但我们可以有自己的选择。说实话，对以上三种做法，我全都不喜欢，也都不提倡。

　　听过很多因误入别人的"空窗期"而给自己带来伤害的故事。总有女生问我：瑜姐，我向他表白，他拒绝了，可上个月他又突然说"我们在一起吧"，我兴奋过头就答应了。但没过几天我就看到他和别的女生在一起，我跟他吵架，他跟我分手。没过几天，他已经在空间发自己和其他姑娘的情侣照了……

也有男生问我：瑜姐，她知道我一直暗恋她，上星期她失恋了，她就突然答应做我女朋友，可才相处了三天就跟我分手了，说不合适、没感觉……

诸如此类的故事总是层出不穷。通常，当事人会百思不得其解，会想问自己到底是做错了什么，他为什么突然离开我？而我的回答很简单：从来不曾拥有，又何奢谈离开？他从来都不属于你，现在无非是回到属于他的轨道上去了。

"空窗期"对我们来说，是诱惑也是打击。首先是打击。恋爱就像病菌一样无孔不入，两个人恋爱当中的每点每滴，都会细雨无声地沁入人们的生活，从而变成人们生活的一种模式。继而，变成人们一种难以割舍的习惯。曾经深爱的人消失了，曾经依赖的生活模式与感觉都在撕裂之下痛苦变形。而痛苦又是波段式的，它不会一次倾泻完，只会一波一波侵袭你的心。这种滋味儿确实不好受，有时我们能扛过去，有时不能。当我们特别脆弱与痛苦的时候，就会害怕一个人的独处，害怕处于陌生而冰冷的"空窗期"。

恋爱时，我们的生活模式都是两个人，"couple式"。当我们已完全接纳并习惯了这样的模式之后，"空窗期"的寂寞与孤单无疑会要了某些人的命。

在这样的前提下，它的诱惑性便显现出来：因为不愿自己一个人，因为无法承受孤单，所以有些人便会慌慌张张地在自己身边随便一抓，就像溺水的人，突然抓住一根浮木一样，管它是块红木、杉木or只是块烂木头，只要能陪伴自己身边，让自己对抗孤独就行了。这便是这根浮木最大的好处与最大的诱惑。

但这样做的人通常心里都十分清楚：他只是你用来填补心灵空虚的材料，不是真正可以依靠的对象。就像"备胎"永远不能当日常轮胎使用一样，就像一次性纹身一样一洗就掉。如果那个人当初各方面都让你满意，没有任何犹豫，今天他就不会成为"救命稻草"，就不会成为那个浮木。

相对的，如果你只是他"空窗期"的消遣，或者是应急需要，他是不会把"消遣"太当回事。通常，甜食都会做得很美、很精致。但一个不爱吃甜食的人，很难做到会突然转变口味爱上它。即便他实在闲得无聊吃了一口，其结果必定还是觉得它又甜、又腻、实难下咽，之后当然不会再吃。

所以，不幸成为某人"空窗期候补成员"的女人们，你可以伤心，但别抱怨。你自己一头猛扎进这个漩涡，就别怪漩涡把你搅拨地晕头转向、没了方向，更别问为什么。世上每天都有那么多奇闻异事发生，不见得每件事都有确凿的理由。最重要的是，如果你还在坚持问"为什么"，你将失去走出"被人玩弄"的阴影的机会，也失去重新开始寻找幸福的机会。

而正处于"空窗期"的各位，劝你们也网开一面，放过自己也放过他人。临时捞来的稻草，负担不了你的重量，也化解不了你的忧伤，更不该成为你发泄与报复的对象。他爱着你，即便你无法接受，他依旧甘心等待，那已经成全了你的骄傲。至少，也为沉浸于痛苦的你提供了一些安慰与正能量。如果你永远无法爱他，至少可以做到不轻易接受，不轻易伤害，不要让他对你的爱和期待化为怨恨……

己所不欲，勿施于人。如果你真的尝到了失恋的苦，就请不要把自己的一时软弱与任性转化成他人的痛。何况你的身心都很珍贵，太多的伤害与被伤害，会让你的心变得坚硬如铁。一个临时抓来凑数的"备胎"，不可能让你满意，只能让你深陷于过去的回忆里无法自拔。

对"现在"持续的不满意，会让人自动美化"过去"的好。一个人始终沉浸于"过去"，也就意味着她再也找不到"现在"的幸福。

说白了，人这辈子都会碰到两种男人或女人。一种带给你"爱情"，一种带给你"成长"。如果你真的遇到了某些愚弄你的人，感谢他吧！从此以后，你将会擦亮双眼寻找到自己的幸福，因为，你已经知道不靠谱的人长啥样了……

男女之间到底有没有纯友谊

抛出这个话题，是因为有很多女孩儿爱上了自己的男闺密，并且不知该如何向其告白。所有的告白中有一种最艰难，也最尴尬——就是向男闺密告白。

很多人都会有这样的困惑或担忧：要是我表白失败，我跟他会不会连朋友都做不成？又或者，我向他表白了，可他说我们只是好朋友，我该怎么办？

我从不相信男女间能有纯友谊，尤其是所谓的"好朋友"。陪吃饭、陪逛街、陪看电影，你有心事找我倾诉；我遇到困难，你不问缘由的力挺到底——另一半都未必能做得比他好，那请问我们的另一半还有什么存在的价值？

某些男女表面看来确实是朋友，是男闺密，是闺密，而且特别像。但请注意我用的是"像"这个词。"像"的意思永远是趋近、趋同，但不可能完全一致。也就是说，在异性相吸的法则与规律左右下，一个有正常取向的男人或女人，不可能取代"同性"的功用成为真正意义上的"哥们儿"或闺密，除非他们当中有一方是基佬或拉拉。

那么为什么还有那么多男女，会看起来那么像真正的"朋友"呢？总结下来无非几种可能：

一、一方想追另一方，但一直没追上，所以退而求其次，先做"朋友"再说。

二、曾经的恋人。因各种原因而分手，分手后对各自人品并无挑剔，也无不满，于是选择做朋友。

三、有贼心，没贼胆。对人家有好感，始终不敢说，磨磨唧唧缠绕在他身边。以"友爱"为名，行"关爱"之实。

四、有贼心且有贼胆，但苦于时机不对。不是双方都有恋人，就是他单着的时候，她恋着；她空窗的时候，他正比翼双飞。两人不管是谁始终没有开口在一起的机会，也就没有必要和勇气去捅破那层窗户纸。

见过很多人义正言辞地反驳：不对，男女间绝对有纯友谊，我跟我的哥们儿就是纯朋友，纯友谊。我男朋友都知道他！我跟别人出去，他还会吃醋，但只要一说跟男闺密在一起，他就特别放心。

好吧！每当听到这样的论调，我就不禁想问：你们之间到底有多纯？是躺在一张床上，盖上被子纯聊天？还是双方真的从未把对方当成异性看待，心理上从未动摇？

老实说，我绝对相信世上有一男一女躺在一起，盖上被子纯聊天的情况存在。但表象背后的实质，请问有多少人探究过？也许他们其中一方的取向为同性，也许他们各自或其中一方正有一个十分出色的恋人在交往，又或者他不是对方的菜，实在没法将就……

理由有成千上万种。人类之所以位列食物链的顶端、成为"高级动物"，就是因为他具有复杂的情感与内心世界。任何一种情境和感受，都有可能影响一个人当下之判断。也就是说，今天没有发生的事，明天不见得不会发生；明天没有发生的事，不代表一辈子都没可能发生。关键，要看有没有能孕育事件发生的土壤，和点燃事件发生的火苗温度。

所以，可爱的"纯友谊"男女们，千万不要以闺密之名蒙蔽他人，更不要用蒙蔽他人的借口来蒙蔽自己。

人一生要找个懂自己的人并不容易。我们穷尽一生，也不过是为了找一个懂自己的人。富贵易得，知己难求。曾听过某位超大龄男星的择偶标准，他说"我就想找个想跟她说话，随时就能说得上话的人"。当时大家都很诧异，身为国内一线资深男星，什么漂亮姑娘遇不到，什么条件好的找不到，要找个人说话有什么难的？

他回答说："不，这是最难的。比方说，我半夜突然想说话，我推醒她，她说'困死了，有什么话明天再说吧'，我就也不想说话了……又或者我正说什么说得眉飞色舞，她突然说'哎，你一会儿出门别忘了把垃圾丢掉'，我又说不下去了……"

诚然，生活当中要遇到一个你能对着他滔滔不绝的人不容易；遇到你愿与他沉默相对也不觉无聊的人更难；遇到你既能对着他滔滔不绝，又愿意与他沉默相对，从不觉得无聊的人，更是难上加难。

所以，请回头看看你的异性闺密吧！之所以你们能成为闺密，必定是因为他懂你。在他面前你没有压力，不用伪装强大；他愿意陪着你，想干嘛就干嘛，相反，你对着身边的恋人可能不尽然。你总是很紧张，想把最好的一面展示给他。你总是千方百计、小心翼翼想表现自己的温柔体贴、完美无瑕；总是十分在意他对你的看法，又或者周围人对他的看法……如此相对照之下，你更愿意跟谁长久在一起？

　　如果你此时正为情所困，纠结于爱上了自己的闺密，那么，请放宽心！因为这是你内心真正的需要，并不是坏事，一个懂你的人不会让你难过，一个关心你的人会希望看到你幸福，不会有意刁难，更不会欺骗。所以如果你是他的菜，他会直言不讳地告诉你并接受你。如果很不幸地，他此时对你并无感觉，那么至少他不会欺骗你，不会刻意模棱两可留下你做"备胎"，更不会用粗鲁的方式就此断绝来往，令你伤心。如果他这样做了，那只能证明他从来不曾懂你，因而，也不配成为你的朋友。

　　友谊就此结束，却能换来甜蜜的爱情，我们何乐而不为？爱上男闺密的女人们，大胆行动起来吧！告诉自己，这是属于你们的表白季！

千万别让你的男友有红颜知己

如果说爱上自己的异性"闺密"是甜蜜的负担，那么爱上一个有"闺密"的男人就是极为痛苦的一件事了。

生活中，"闺房密友"变成"闺床密友"的案例比比皆是。这其中，男性占大多数。因此，由于"闺密"而产生的怨妇不在少数。多数人都会特别痛苦郁闷，三番四次想阻止他们，命令他们断绝来往、悬崖勒马，男友却仿佛吸海洛因上瘾，吸了又戒，戒了又吸。这其中也不乏已婚男性。

"闺密"这玩意儿究竟是怎么回事，前文已有详细表述，无需再探究。俗话说得好：千万别让你的男友有红颜知己，红着红着，你俩就黄了；千万别让你的女友有蓝颜知己，蓝着蓝着，你就绿了——虽是调侃，但绝对是来自无数生活实践的经验总结。

苦涩造就情感中的觉悟者，调侃成就生活中的艺术家。随口一句调侃的话能够被无数人引用，并非因为创造者太有才华，而是因为"共鸣"——太多相同的经历与体会，引发共鸣。

通常遇到陷入此类痛苦的求助者，我大都"劝分不劝和"。我不是"唯恐天下不乱"之人，也并非事不关己、站着说话不腰疼——或者换个对手，一个普通的男人，我会鼓励大家去争取——"不战而退"非英雄或好女子所为，但参加一场战役前，首要弄清三点：一、为何而战。二、对手是谁。三、我的筹码。

所谓"知己知彼，百战不殆"。你不了解战局与对手，不能准确估量自己，你就无法在战争中胜出——情感的战场上，尤其如是。

首先来说第一点：为何而战。你的男友背叛了你，跟闺密在一起了——所谓"在一起"又分两种情况：一、你的男友跟他的女闺密发展到上床地步了。二、你的男友跟他的女闺密恋爱了。第一种情况，你认为他们只是精虫上脑，偶一为之，长久不了。当然这种情况，在双方对彼此身体默契程度都并不满意的前提下完全有可能。可一旦双方十分享受且愉悦，那么双方很快就会步入第二阶段：恋爱。

你的男友都跟别人谈起恋爱来了，还有你什么事？何况那个"别人"还是懂他喜怒哀乐，陪他经历挫折坎坷，甚至于她出现得比你还早——你还是别人的前女友的时候，她就已经陪在你的男友身边了……

第二点：对手是谁，几斤几两——毫无疑问，你的对手正是他动不动就要想起，时不时挂在嘴边的"闺密"。要问她在你男友心里的地位——她陪他喝酒，听他倾诉心事与烦恼，随传随到（有些心事可能连你都未必知晓）——你说对手到底几斤几两？你跟她硬拼，到底有无胜算？

你可以认为这是类似于"我跟你妈掉进河里，你先救谁"的无解、无聊问题。但是我告诉你，这个问题一定有答案，只是隐藏在他心里不愿正视。当一个平日在他心里徘徊不去的身影一下躺到了身边，且欢愉默契，你认为他会轻易放手吗？

　　第三点："我"的筹码——情场如战场。对手如何强大也只是一方面，当然更重要的是你自己手中在握的筹码。你的美貌，你的聪慧，你的家庭背景、社会地位以及你能够给到他的帮助和影响力……这些都属于你的筹码。

　　正视这些筹码，看看是否足以与"闺密"抗衡。我们不否认现实社会当中，有很多最终影响婚姻的因素存在。如果你的手中恰好握有男友需要的现实因素，那它必然会成为你的重量级筹码——仅这一点，你就会有胜算。因为多年"闺密"之所以还依旧只是"闺密"，有很大一部分因素是在恋爱的门槛面前，很有可能她不合格，不够令对方满意或骄傲——但请注意，通过合理运用这些筹码，你有可能战胜"闺密"。但你赢得的仅仅是"婚姻"、这个男人，不见得是爱情。

　　综上所述，我并非对"闺密"有偏见，只是如果你的男友碰巧有一个相处多年的闺密；又碰巧这个闺密不是长得天残地缺，还颇为养眼；更碰巧的是他们还经常聚在一起；那奉劝诸位就不要抱有什么希望了。如果不想在情感争夺战中拼个你死我活，最终惨淡收场，请及早勒令他们将"一如不见如隔三秋"的闺密关系，改为"一年见三次"的普通朋友关系——所谓"君子之交淡如水"。何必总以"闺密"、"亲爱的"相称？

　　当然，如果你不幸已来不及"防患于未然"，就别再抱有任何的奢望。还是收拾行囊趁早出发，真命天子还在远方等着你呢！

防火，防盗，防闺密

如果说与自己恋人的异性闺密作战是件难事，那么与自己的同性闺密作战就是一件痛苦的事了。

江湖有名言：防火，防盗，防闺密。"闺密"在某些有切肤之痛的人心中，简直如洪水猛兽。人们觉得你挖不相干的人的墙角还情有可原，专找熟人下手的就不可原谅了！既然称之为"闺密"，必然与自己相处多年。多年友情抵不上一个男人的诱惑，那不但令人伤透了心，转而为恨也并不为过。

有调查表明，超过90%的男性对自己女友的闺密或哥们儿的女人有过幻想，但仅限于幻想，即"精神出轨"。这当中显然会有人将幻想转化为行动的，但并不如我们想象得那样多。不过，你如果认为会被另一半好友吸引的只是男人，那就大错特错了。实际上，超过半数的女人也同样会对自己好友的优质男友产生兴趣，当然，也仅仅只是"兴趣"。

女人都不愿承认的秘密：某些时候，她们确实会被好友的男友吸引，如果他足够优质且也能对自己深情款款的话，说不定她们也会冲昏头脑立时转向，与自己展开争夺战。

在此，我们并非要站在道德的高地，假装清高地去批判某些人或某种现象。我们只挖掘事实背后的原因。

实际上，上述所说的情况——有些女人对自己朋友的恋人产生幻想甚至转化为行动，那不是过失，而是人性。我们相信人性当中有很多的闪光点，也必须承认人性当中有很多的弱点。

人类属于"高级动物"。既然是"动物"，就一定具有动物的基本属性。所以当我们看清楚这一点之后，我们就相对能够理解人喜欢上朋友的男友这一行为，也会更懂得如何防范这种情况的出现。

所谓"防火、防盗、防闺密"确实有其存在的理由，它背后的含义是：不要考验人性！

比如一个很缺钱的人，或许他家中亲人急需等钱治病，或许他此刻已饿得奄奄一息，只求填饱肚子活下去，你若在这个时候给他钱，他可能会拿任何东西来跟你交换。再比如，一个正值壮年的男人，有女人脱光了自动送上门，能抵御这样诱惑的男人恐怕也没有几个，就算他心理上抗拒，也架不住生理上的反应。

所以，某些女性会选择考验自己的丈夫和男友，甚至不惜请自己的闺密出马帮忙。其结果，往往是赔了夫人又折兵——赔了闺密，又失去了男人。还是那句话，人性并不像我们期望的那样如铜墙铁壁般能在诱惑面前岿然不动。没事玩儿什么都行，千万不要把考验人性当成一般玩耍，"No zuo no die"——不作就不会死。

当然，女人们也无须绝望。虽然人性不可避免的有弱点，但并不表示我们不可以规避弱点。只要我们能够谅解，明白弱点存在哪里，就可以对症下药了。

首先，人要明白自己在恋人面前并不是不可取代的，那么就更要让自己变得独一无二。你要找到自己独特的优势和魅力，用你的无可替代的特性去将另一半牢牢"勾引"住。也许你很美，也许你很有才，也许你很能干，在事业上很能帮助他……这些都可以成为你的优势。认清自己，善用优势。做到"别人能给你的，我可以；别人给不了你的，我也可以给你"。如此，你就能牢牢抓住对方的心。

其次，不要考验人性。不要刻意给自己设置障碍，不要时不时、没事找事想要去考验一下对方，考验对方是否爱自己那是小朋友的做法，幼稚且无意义。无论爱情还是友情，都需要用心经营它，呵护它，而不要去挑战和摧残它。

最后，尽量不要让闺密多接触你的那个他。即便撇开"防患于未然"的思维不谈，爱情终究是两个人的事。两人天地，二人世界，为什么要多加一个或几个人进来？甜言蜜语的私话，当着闺密的面你们方便说吗？亲吻爱抚，旁人在场你们能做吗？就算你们好意思那么说那么做，旁人看了会有什么感受？难道不尴尬，不别扭？

所以，为什么非要拖着什么闺密、好友，男男女女成群结队呢？保护好自己的隐私与二人世界，实际上也是保护了朋友个人的世界。凭什么你就觉得她没地方去，非得当你俩的电灯泡、跟屁虫呢？说不定人家也有大把追求者等着约会，各自happy。

千万不要认为你会因此而失去朋友，会被指责"重色轻友"。会说这话的人多数是调侃或羡慕，并非真的责怪。一个真正的朋友会希望看到你幸福，不会希望你成天跟"朋友"混在一起，始终孑然一人。而一个会真的因此指责你的人，也不配成为你的朋友。

闺密不是敌人，而是你最好的朋友。千万不要弄到无法收拾之后，再来恶语相向甚至拳脚相加。友情与爱情同样重要，需要用心浇灌才能开出娇嫩的花朵。因为花朵太娇嫩，所以才更要用心保护。不要诱惑闺密来背叛伤害你，因为她们在伤害你的同时，其实也伤害了自己……

记住，闺密是"井水"，另一半是"河水"，井水没必要，也不应该去犯河水。

情侣之间该如何处理金钱关系

日前遇到粉丝向我求助，她说她与男友交往了三个月，被男友透支了信用卡，欠了一万多块钱。到期需要还款时，男友不但要跟她分手，还赖账不还款，令她十分伤心。

我的回答是：要感激金钱。金钱买不到人心，但金钱可以测试人心。一万块钱在当今这个社会并不能用来做太多的事，但一万块钱可以买条狗，或者买断你跟一个人的关系。当一个男人把自己的价值放到与狗等同，他对你而言，还重要吗？就当花一万块包养牛郎四个月吧，也是宗便宜买卖。

这样说话或许有人会觉得太狠，但事实有时就是如此。

金钱关系不但是情侣当中最难处理的关系，甚至可以说是全人类相处交往中最难把握和处理的关系。于是有人戏言：谈钱就伤感情，但谈感情就伤钱。

在层出不穷的案例中，我们得知金钱能伤害很多人。有抛妻弃子的前夫，回来骗前妻替他还债，在拿到钱后又迅速消失，令前妻伤心欲绝；还有一堆子女，为了少支付一些老母亲的赡养费而勾心斗角，争斗不休，抛下七旬老母……似乎一遇到"钱"字，很多原本应该和谐太平的家庭氛围与人际环境，便一石激起千层浪。纷扰不已，纷争不断。

那么，情侣之间究竟应该如何处理好这"金钱"关系呢？尤其是女性，在两性间的金钱关系中，又该如何自处？

首先，要明白且承认金钱的重要性。金钱不是万能的，但没有钱是万万不能的。如果一个人在你面前大大咧咧地鄙视金钱，咒骂"铜臭"，不用怀疑，甩一张大额支票到他脸上，他必定对你点头哈腰、毕恭毕敬。人最缺少什么，才会竭力渲染什么。一个没吃过鱼翅的人，没资格说它像粉丝；一个没开过兰博基尼的人，没资格说"那也只是个代步工具，跟公交车一样"。但很不幸，我们身边往往充斥了这样的人。不要以为那就叫"清高桀骜"，其实那并不值得信任与崇拜。物质是生存的基础，没钱没物质，连生存都成问题，脱离了生存的"清高"那不叫"清高"，那叫"装×"。

所以，从选择伊始就要擦亮眼睛。如果一个人从一开始就在你面前表现他的思想，表现他的高风亮节、无欲无求、遗世独立，却唯独不表现他的企图心、对金钱的欲望和"人间烟火"，那么迅速请他回到月球去吧！嫦娥玉兔就该待在广寒宫，我们地球人是要吃饭、穿衣，要实实在在生活的。越多的掩饰，只能越多暴露他的虚伪与不怀好意。譬如一个"拆白党"，在把手伸向你荷包的时候，总会先告诉你他的荷包比你丰厚得多。

其次，看好自己的钱袋，不羡慕别人的钱袋。这里的意思并非强调经济分离AA制，而是一种态度：不该我掏的，不掏；他人送的，可以要；不该我要的，绝不要。人要时刻懂得衡量自己所处的位置，在两性关系中亦是如此。曾有一种调侃的说法：要了解一对男女的关系，从他们吃饭买单时便可见一斑。买单时AA制的是朋友，或是相识初期；买单时男人付账的，是恋人关系或追求者；买单时女人掏钱的，则必定是夫妻。这是一种非常有意思的说法，不无道理。它实则提醒我们的是，男女间相处时的"金钱关系"的递进模式。

相处初期、互不了解时，我们应该尽量避免太多金钱纠葛。譬如，某些女性刚与男性接触相交，就拖着人买这买那，那就别怪别人拉你去开房，因为你过多的欲望给了他错误的暗示，令他认为你就是一个花钱可以搞定的女人。请问，不轻薄你轻薄谁？

而到了相处中期、彼此关系更进一步时，甚至她已经成为你的女人时，男人自然愿意为你多些"力所能及"的花销，请注意这里强调的"力所能及"。每个人都有自己的极限与承受力，这跟大不大方没关系。一个月薪3000元的人，你要让他一次消费超过500元，他想不"抠门"都很难。男人肯为你花钱，确实是爱你的标志，但千万别逼一个男人为了爱你去卖肾、卖血。

到了婚姻阶段，两人在财政上要既融合且公开。两方赚钱一家花，自然争议就没那么多。这个时候记得一定要管好男人的荷包，令他为你合理的尽量多花些钱。某些女性在婚后就一心顾家，左抠右省，认为只要是省下来的都是家里的。殊不知，男人总有一部分钱需要为女人来花，你不花，自然有别人来替你花。当然这里所说的花销还是要控制在合理范围内，尽量别逼男人跳脚。

最后，经济一定要独立，不依赖。尽管你的男人很有钱，尽管你太懒，实在不想出去工作，尽量还是要逼迫自己有一份体面的职业。经济地位决定一切，在社会中是这样，在家庭中也一样。不要跟我强调"我在家操持家务、指挥保姆、带孩子也是付出，也是工作"，No！男人要甩你的时候可不会这么想。他们只会想，这些年你什么都不干，我把你养得舒舒服服、要多滋润有多滋润，你还想怎样？

女人经济独立不是为了跟男人比高低，而是为了给自己一个主心骨。哪怕赌气、闹别扭，你还有能够挺直的脊梁。哪怕他赚得确实比你多，哪怕你确实花他的钱更多，但你起码还能大声硬气地说一句：老娘没赚钱吗？老娘一样有工资，不用靠你养！

金钱关系是十分微妙的关系，处理时掌握好分寸最为重要。尤其作为女人来说，不可不到，又不可太过；不可不掌控，又不可控过头；不可一心扑在男人身上，又不可全然不顾男人。个中滋味，如人饮水，冷暖自知吧！

是"剩女"就该"清仓大甩卖"吗

前文几次都提到了"剩女",那就不可避免地要聊聊这个流行词。不知最初是谁创造了这个名词,而如今它已经成为了一种社会现象。更有好事者将"剩女"分为了如下几个等级:

25-27岁是"初级剩女",还为寻找伴侣而奋斗,故称"剩斗士"。

28-30岁为"中级剩女",自己的机会已不多,别号"必剩客"。

31-35岁为"高级剩女",在职场斗争中生存,尊称"斗战剩佛"。

35岁往上是"特级剩女",尊之为"齐天大剩"。

45岁以后是"超级剩女",敬称为"剩着为王"。

当然"剩女"的本意绝不可能是"剩着为王",并且如前文所述,这个世界毕竟"女王"少,普通姑娘居多。就算真的是女王,也渴望拥有温馨的家庭和有人陪伴的幸福。梅艳芳在她的告别演唱会上身着婚纱隆重登场,她的话,或许代表了很多"剩女"的心声:"每个女性的梦想都是拥有属于自己的婚纱，有一个自己的婚礼……女孩的梦想和男孩不同，女孩的梦想是拥有自己的家庭，拥有爱自己的丈夫，有一个陪伴自己终老的伴侣……"

梅艳芳尚未等到属于她的婚礼就去世了，这是一个非常伤感的故事。除却这样一些颇为伤感的个案，我倒认为现实生活还是充满了希望和美好。只要认清自己、认清他人、认清现实，"剩女"完全可以找到属于自己的春天。

首先，我们要明白什么是"剩女"。"剩女"通常分两类：一类是主动剩下。这类女性她们大都很优秀，有独立的经济能力、良好的工作背景以及"对得起观众"的相貌。她们剩下是因为她们在等更好的男人。她们通常等待两种男人：比自己更优秀的男人、对自己无条件地好的男人。如果等不到，她们就选择单着，她们认为"高傲地单身，总比卑微地恋爱强，更比离婚强"！

或许这样听下来，有人会认为"剩女"之所以被剩下是源于她们要求太高。但实际情形并非如此。

"剩女"的真正成因并非由于自己要求高，而是，她们既希望有个大男人把自己当成小女生来疼爱，又希望大男人能在某时屈从于自己的强势。

还有一个很大的原因：就是她们把豆蔻年华留给了天真，遇到谁都信任，而末了，却把青春的尾巴留给了焦急、疑惑与不信任，这就是"剩女"的第二类：被动剩下。

主动剩下的女人与被动剩下的女人，看似差不多，其实大不同：

一、前者非常知道自己要什么；而后者始终糊里糊涂，认不清他人、也认不清自己。

二、前者在等待爱情，而后者如同无头苍蝇只求撞到一个避风港，能够依靠。

三、前者懂得要求自己，知道如何让自己更好地匹配自己所要的；后者只一味要求别人。

四、前者随时都在完善自我，以接受他人艳羡而非同情的目光；后者总在抱怨天道不公或他人不对。

分析了这两类"剩女"及其成因，上天会眷顾哪一类，已经显而易见。请注意这里"等待爱情"的含义。等待爱情，指的并不是等待，甚至祈求他人来爱。"等待"是一种期待与美好相遇的心态，闲适而淡定的心态。因为她非常了解自己，清楚自己想要什么样的人、想过哪种生活，她们并非一味地奢望"攀高枝"，也不会病急乱投医。她们淡定是因为她们心里清晰，闲适是因为相信自己，相信自己的魅力和真诚，一定可以等到适合的人。

而被动剩下的姑娘就比较吃力。她们因为承受了身边人和环境的太多压力，再加上自己内心的急迫，时常会让自己陷入迷茫和痛苦中。经常碰到有女孩问我：我已经30岁了，可是还没嫁出去，我该怎么办？难道真的要降低要求随便找一个？婚姻可以没有爱情吗？什么样的男人才算好男人呢？

从这些姑娘的问话里，你已经可以发现她们的迷茫和对自己全然的不了解。

诚然，期待爱情是每个人必有的自然需求和公民应该享有的权力。但比"孑然一生"更可怕的，是要对着一个自己看着都烦的人微笑一辈子，你的脸都会抽筋。

要记住"降低要求"永远不是"剩女"的唯一出路，甚至是根本不应该走的路。你不是"货"，就算是"货"也要做顶级祖母绿，而不是街边小贩拿着喇叭反复播放的"走过路过不要错过，跳楼价挥泪大甩卖，全场商品通通两元……"回忆一下你曾经走过路边，遇到这样的叫卖时的感受，你会瞧得上它们吗？买下它们，你会珍惜吗？No！人类的心理永远是这样的：便宜没好货，好货不便宜，降价处理只能证明你的劣质，无法为你赢得他人的钟爱。

所以，尚处于迷茫的"剩女们"，赶快清醒！迅速行动起来，完美自己。将抱怨他人和慨叹命运的时间，用来好好提升和疼爱自己。找到一个爱自己的男人是必须的，但比这更重要的是，你首先要懂得爱护好自己。一个不懂得爱自己、珍惜自己的人，他人又为什么要珍惜你？男人甩掉一个女人也有"机会成本"，你越优秀，他想甩开你的机会成本就越大，风险自然也越高。因为他很难再找到比你更出色、令他更满意，可以取代你的女人。

只有完美而自信的你，才值得更好的人来爱。

我常常喜欢说，爱情是一种信仰，是在绝望时，依旧支撑你走下去的力量。而婚姻是白首的愿望，并非任务。我们期待和信任的应该是"爱"，而不是某个特定的男人。换句话说，男人可以走，可以换，但爱情不会消亡。它始终存在于你心里，只是在等待一个更合适的人来打开它，令它自由盛放，如同烟火般绚烂，铺满整个天空……

所以，对女人来说，男人并不分"好"或"坏"，只分你爱与不爱。要相信：爱和勇敢，一定会为你唤来真正的骑士……而婚姻没有"最快"，只有"最适合"。永远不要去纠结诸如"我怎样才能最快把自己嫁出去"这样的傻问题，坚持和有原则或许会让你的幸福来得慢一些，但当它来临的时候，一定更好、更可贵。因为，它是专为你而准备的……

与男人相处多久才适合谈性

最近连续碰到几位女性问我关于"酒后乱性"的问题，这里的"性"当然并非指"性格"与"性情"，而是指"sex、做爱"。通常这些姑娘都是在酒后跟一个男人上了床，而这个男人呢？却又一贯油嘴滑舌、花丛圣手、游戏人间，甚至于作息都不是正常人，属于"昼伏夜出"型，只爱玩乐。

姑娘们遇上这样的男人都十分苦闷与困惑，到底该不该跟他正式交往呢？他到底爱不爱我呢？甚至于，他提出让我"搬过去跟他一起住"，到底该不该答应？

本人并非"一夜情"的拥戴者，但一夜情若建立在"你情我愿、不拖不欠、亦无公害"的基础上，倒也无可指责。毕竟两个人的事，两个人消化。只要不害人害己，说白了，谁也不爱搭理人家的闲事。但倘若有人想把"一夜情"变成"多夜情"，甚至"长情、真情"，奉劝各位还是谨慎从事。

要知道酒后乱性而后终成眷属的可能不是没有，但那只存在于电视剧里。而现实生活中，女人酒后乱性和男人发生一夜情这已是重大失误，之后却还想用天天当他一夜情的女主人方式来挽回失误，那只能是无可救药的白痴！

一夜情永远只能是一夜情。当一个男人首先对你说的是"搬过来住"，而不是"我爱你"，那只有两种可能：一、他需要的只是交配，不是爱情。二、他认为你缺少的是性伴侣，而不是"love"。

时下的各种时髦party比比皆是，酒吧、KTV更是成为都市人深夜排遣寂寞的首选。更有人做出总结：去酒吧的人多数在寻找机会，去KTV的人多数只为了达成交易。所以在酒吧里面，姑娘们就比谁穿的更少、吸引的男人更多，男人只比谁泡的妞儿多。而在KTV里，姑娘们只比谁挣得钱多，男人则比的是谁更"土豪"，谁更"大佬"。

在这些情况之下，请问谁还有心情关注"真心"？爱情是一颗挑剔的种子，它需要适合的土壤、空气、温度和湿度才能生长。我只能说：泡在酒精里的种子，你等不到它发芽的那一天。

当然有人会问，撇开KTV、酒吧搭讪之类的相识相交，我跟自己认识的朋友一块儿出去玩儿可不可以？或者我们并没有去夜场，只是跟自己不太熟悉但彼此认识、有好感的人酒后乱一把性可不可以？我的回答依旧是：No！

酒精是催化剂，也是致幻剂。即便你对某个男人有所好感，甚至你们也彼此有意，但你必须明白：在酒精的催化作用下，原本仅有一分的好感会瞬间夸大膨胀至十分。而它的致幻作用也会让你们对彼此产生并不真实的幻想，也就是说，即便在那一刻你们真的两情相悦、属意于彼此，但更多的可能是，你们在酒精作用下拥入怀中的那个人，并不是真实的那个他。一旦酒精的作用过去，彼此清醒面对，势必有一方或者双方都后悔。双方后悔也就罢了，若是单方面的后悔，则会有尴尬的后果：男人变成了陈世美，女人变成遭玩弄和遗弃的垃圾。这是玩弄你的那个人单方面的错误吗？of course not！不要忘了"可怜之人，必有可恨之处"，你不珍爱自己在先，如何要求别人疼惜你于后？

那么，到底什么样的距离，才是安全的"性"距离呢？认识一个男人多久之后发生关系，才是比较稳妥的做法呢？众所周知，太容易到手的东西男人不会珍惜。那么什么样的情况下发生关系，才能让他觉得你既不随便，又不是对他无情无意的狠心女人呢？

首先，你需要具有亲和力和吸引力。"亲和力"不是让你跟他见一次面就勾肩搭背、卖弄调笑，也不是你板起面孔冷若冰霜装高贵。通常，男人对于拿腔拿调的女人会在心里默默地判定为"爱装"，除非你的"高不可攀"刺激到了他，激起他的征服欲，否则他将永远不会对你有兴趣。而"征服欲"这种事，就是一条抛物线，越得不到，男人的兴趣就越浓厚，而一旦得到，兴趣便从攀升的顶点逐渐下降。

所以，"亲和力"是"吸引力"的前奏曲。先让他觉得你十分亲切、自然，与你相处愉快无负担，最好还能找到双方都感兴趣的话题，然后你才能尽情释放女人的魅力去吸引他。

其次，要懂得区分和判别男人对你是"兴趣"，还是"性趣"。当然我们必须承认，在两情相悦、相互了解的基础上，双方身体的沟通与互动胜过世间最美好的言语。但前提是你们已经经过一段时间的了解，他真正懂你，继而也爱惜你。而如果一个第一次见面就举止轻浮、蹭上摸下的男人，别指望他会有兴趣和时间去了解你，当然更不会尊重与爱你。

有不少女人常常会犯这样的错误：遇到一个条件非常不错的高富帅，此男貌似不太靠谱，可确实条件不错，又正好是自己喜欢的类型。再加上那个男人百般示好、展示自己优厚的条件。女人在经不住诱惑和"侥幸"的心理之下，一不小心就上了他的床，以为从此可以稳定两人的关系好好发展，一脚踏入"豪门"。结果却发现，自己的不安感反而加深了，因为那个男人明显开始对自己爱搭不理、热情度下降了。

这类姑娘不仅仅不懂得珍惜自己，简直就是"蠢"。任何吸引男人、抓住男人心的法则，都有一个适用前提，他必须是一个"有心"的男人。如果一个男人对你根本无心，从一开始就抱着吃一口尝尝的态度，就别指望他能尝过一口之后突然对你情有独钟。更何况即便你是一道菜，花大成本吃到的就是鲍鱼、鱼翅，轻而易举让他得手的就是烤红薯。红薯偶尔尝尝鲜可以，长期吃岂不有失身份？

奉劝姑娘们，选择跟一个男人"耗"下去的前提，是你判断自己能得到多少。一个对你只有"性趣"的男人，不会愿意在你身上花太多成本，无论是时间还是物质。对付这种男人，只想找个好男人的简单姑娘，最好敬而远之；而有所图的姑娘，最好的方式就是"吊着"他，尽量多的消耗他的成本，给他点教训。别以为天下姑娘都好骗好欺！

而对待一个对你抱有"兴趣"的男人，那就更多地去展示你的内心，也更多地去关怀他的内心。比较通俗的方法是从朋友开始，跟他聊他的家人、他的故事、他的宠物、他的事业和压力。如果你能跟他聊到"事业与压力"这一步，那么恭喜你！你离成功俘获他的心不远了。

一旦你有把握已经收获了他的心，那么何时开始、在哪里开始并不重要，重要的是，那时的你们才能称之为"make love"。

最后一点也是最关键的一点，就是如何判定你已经拥有了他的心。这实际上并不困难，最简单的概括就是"无话不谈"。一个男人尤其是创业型的男人势必面临很多压力，而通常他们不会在外人面前倾吐这些。他们只会让别人（包括相识之初的你）看到他们成功成熟、谦谦君子、气度不凡的一面，而把那些焦头烂额、沮丧颓废、孩子气的一面留给自己。诚如之前提到的，如果一个男人愿意在你面前聊他的事业甚至压力，那么你实则已经走进了他心里，进而全盘占领只是时间问题。

要知道，通常男人的思维会觉得女人不懂"大事"，尤其是非创业型的女人。他们会觉得跟女人去聊这些一来没必要，二来她们也听不懂。让男人信任你，觉得你是"贤内助"，愿同你分享的前提是：你必须是个聪明、有头脑的女人。张嘴聊化妆品和名牌的女人，能突显出来的只是你嘴上艳丽的唇膏，很难证明你的能力与头脑。记得时刻充实和丰富自己，充足的内涵储备，是你"聪明"的基础与必要条件。

除去聪明，温柔与包容也是女人的杀手锏。如果一个男人觉得跟你在一起可以完全放松、释放压力，即便你没法给他实质意义上的帮助，那也已是极大的分担。男人像战车，出门打仗，回来就得修复保养。一个足够温柔大气的女人，能够抚慰男人的焦躁与不安，化解他的忧愁与负面情绪。如果某某天他说出一句"跟你在一起我很开心，很放松，什么都不用想"，不用怀疑，他百分之百已经沦陷。那时的男人在你面前，就是一个开始依赖的大孩子……

要学会根据以上这些信号与标志，来判断你们可以发生进一步关系的时间与地点，千万不能着急。"性爱"这事就像煲汤，火候到了，水到渠成，你品尝到的滋味必定鲜美醇厚；而稍欠火候，哪怕只是一点点，也会影响到它的口感与色泽，自然也影响到"用户评价"。尝过觉得好，才会有回头客；尝过不好或许再不登门。此间奥妙，还需诸位姑娘用心用意、慢慢体会……

他说的"随缘"是不是借口

"随缘"这个词已经流行了很久。有人遇到情感问题，说"随缘"；有人为赚钱、为事业追求，到最后也得"随缘"；甚至做朋友、做血肉至亲，靠的也是"缘分"。

"缘分"在我们的词汇与理解中，几乎已经跟"命运"相同。不可扭转，不可更改，于是只好听天由命。

但说实话，这世上可能超过90%的人并没有真正弄明白"随缘"的含义。最常见的两种错误，一种是把"无奈"和"放弃"当作随缘，一种是以"随缘"为借口，求"随便"之实利。

首先来说说第一种。这类人往往历经挫折，遇到困难甚至是伤害，在放弃时，说出那一句"随缘"。但这里的"随缘"，多数是源于不够勇敢。

举个例子，某对相恋已久、感情笃深的恋人，女方遭到家中父母强烈反对，觉得男方"配不上"女方。男友脑门儿一热提了分手，女方虽然伤心，但不得已接受了父母的安排去相亲。于是一对相爱的人从此分道扬镳、各奔东西，心里再多不舍，也只化作一句"随缘"……很多人可能为他们惋惜，但又有多少人问一句"为什么"。为什么必须要分手？为什么面对压力和挫折如此软弱？为什么明明相爱，却没有为了爱情去与命运对抗的勇气？对抗过、争取过、拼尽全力过，结局如果还是输，我们可以认；我们可以不后悔曾经付出的心、流过的泪！但什么都没做便暗自夭折，请问大家又是否真的甘心？

也许有人会自我安慰说，现实的世界，旁人不懂。但是扪心自问，在现实的世界里，我们又是否足够尽力呢？

譬如在刚才的案例中，如果那位男友足够坚定，为了爱愿意去努力，遇到女友父母的冷嘲热讽，不是选择无谓的自尊与骄傲甩手离去，而是选择留下来用真诚与勇敢去面对质疑：你们现在不信任我，不要紧，但是我一定能给你们的女儿幸福，这是我的承诺，我一定会做到，会做得很好，让你们看到！你们今天不答应，没关系，一个月不答应，也没关系，我们还有一年、十年、二十年，总有一天，我会让你们看到一个男人堂堂正正兑现他的承诺！而此时的女友如果也能同样坚定，选择站在男友身旁，与他携手面对，去说服父母，使父母相信自己有能力去选择，并且有能力为自己的选择负责任、有能力让自己幸福，请问谁还会硬下心肠无理阻挠、摧残两个相爱的人？

永远记住：父母一辈并非有意要轻视任何人。全天下的父母再多干预、"蛮横"，不过是希望自己的孩子能够过得好、过得幸福。之所以干预、之所以强势，只是因为他们不相信你们有能力选择和面对生活、挑起生活的重担，如果你足够独立和强大，令他相信你能照顾好自己，有能力选择正确的路、对自己负责，他们又为何要束缚你，阻碍你的脚步，让你不开心？

同理，无论面对爱情、事业又或人生的任何选择，"随缘"并非你可以就此不努力，甚至因为害怕受伤而退缩、逃避。"随缘"不是不勇敢的借口，而是勇敢付出、勇敢追求之后的心安。我付出过，努力过，不后悔。我可以继续微笑，挺起胸膛面对以后的生活。"随缘"是我不负天地不负你，更不违背自己的心，不轻易放弃。

"我做了所有我能做的"，因之方可"随缘"。"我不想努力了"，于是"随缘"，那不是真正的"随缘"，那只是自怨自艾、吝啬付出的胆小鬼所做的事。

说到第二种，以"随缘"为借口的"随便"。它往往出自登徒浪子，甚至心怀鬼胎的贱男之口。他们衣冠楚楚，游戏人间，逢漂亮姑娘就追，泡到手拉上床后就说"随缘"。更有甚者，相处一段时间之后各种装无辜、装痛苦，声称相处得很累，就此"随缘"。实则，"随着""随着"，便"随"到了其他姑娘的床上去了。

对于这样的人，姑娘们最好擦亮眼睛看清楚，不要到最后还在哭天抹泪感叹造化弄人，为什么相爱的人偏偏不能在一起？这就纯粹是被卖了还替人数钱的活例。

要判别一个男人是真心，还是以"随缘"为借口的"随便"，其实也并不困难。无非掌握三条准则：

一、他是否十分乐于公开你们的恋情。

具体表现为：你要观察，看他是否愿意与你一同挽手出现在任何公众场合；是否愿意把你带到朋友面前，脸上还带着幸福与骄傲；是否主动要求融入你的生活，接触你的朋友。如果以上选项，他都是yes，甚至他还会为了不能参加你的朋友聚会，而责怪你为什么不让他走进你的生活、接触你的圈子，这样的男人，才是把心安放在你那儿的靠谱男士。这样的男士才不是"随缘"游走的登徒浪子，纯粹偶尔停留逗你玩儿。

二、他是否愿意甚至急于确定你们的关系。

具体表现为：他是否带你见过他的父母，是否要求见你的父母，他和你讨论的问题是否有关未来以及两人对待生活的态度与方向……听起来有些老土。但有时最土的方法，恰恰最管用，就像民间土方能治病一样，一个玩弄你的人会对这些问题避之唯恐不及，只有真正期待与你走下去的人才会乐呵呵地积极去推进。

三、时间是最好的"验伪神器"。

人是复杂的动物。我们每个人都有很多面，而一个人的真心更需要我们慢慢去品味和挖掘。当你无法立刻做出判断，记住一条准则：等待。不要听他说了什么，而看他怎么做；不要轻易做出决定，冲动会令你丧失应有的理性。没有一个人能够把谎撒得天衣无缝，总有蛛丝马迹可见端倪。"黑心棉"尽管缝在内里，但日久必然显现它的劣质。

所以朋友们，当你再次提到或遭遇"随缘"这两个字，首先审视自己：我是否已尽力，做到真正的"随缘"；其次看看说出这两个字的人，他脸上的微笑或无奈，是否出自真心，是否言行如一。

想要把握自己的幸福，就需要去做出努力。

被分手了不要问为什么

这个世界上每过一秒钟就有无数人在相爱，也有无数人在离散。相爱的，有千万种缘由，分别的也有千万种可能。可以想到的是，不是每一种"爱"都绝对靠谱，也不是每一种离散都需要解释。

经常碰到很多人问我"为什么"？因为分手，因为遇人不淑，因为对方莫名奇妙的消失与绝情……被甩的那一方往往会想不明白，继而钻进牛角尖。

曾有不少人遇到这样的问题：

刚开始恋爱的时候他对我很好，每天想办法逗我开心，带我去没去过的地方。可不出三个月，他就劈腿了。我问他为什么，他还恶言相向，叫我滚蛋，不要纠缠他……

我为了她放弃大学学业，不顾父母反对跑去她的城市打工。可才在一起一天，她却一声不吭地走了。不出一个月，她的QQ空间里就出现了她跟另一个男人的合影，还写着"×××，我爱你"。我实在不明白这是为什么……

我爱上了一个不靠谱的男人，我们分隔两地。他对我很好，经常来看我，还常常陪我打电话聊天到半夜。可就在昨天，他突然告诉我他要结婚了，他要跟相恋八年的女友结婚，我简直无法相信！他为什么可以这样，为什么有了爱的人还来找我……

林林总总的故事每每比我们的想象要"精彩"得多、狗血得多。我常常说，生活是最好的编剧与艺术家。它总能把一些不可思议、无法想象的事情用蒙太奇的手法，最艺术化地将他们糅合到一块儿，让我们去经历，让我们成长。而往往我们这些受编剧支配的演员入戏太深，总是深陷痛苦，无法自拔。总爱问一个"为什么"，他为什么要这样对我？为什么是我遇上了这样的事？老天为什么要这么耍我……

扪心自问，本人也并非天生的智者。智慧往往来自经历、痛苦、沉淀与思考，无论是听到的，还是自身经历的。而"经历痛苦"毫无疑问是我们迈向成长的第一步。

要明白，一个人成熟的标志之一，就是学会不问"为什么"。面对这些情况，我们当然要问很多为什么。但这个世界每天都有亿万件事发生，不是每件事都需要理由。不要奢望每个人都有始有终，尤其对于"爱情"而言，如果每个人都不曾经历分离，就不会懂得珍惜。因为尝到了痛苦，才知道什么是幸福，什么值得珍惜。"应该"对你负责任的，只有你自己。倘若一个人早已不爱你，你却希望自己留在他身边，岂不是把自己往火坑里推？自爱，永远是女人获取幸福的唯一途径。

当然，不问"为什么"说起来容易，做起来难。人天性对世界怀有好奇，有探索欲和求知欲。正是因为我们拥有了这些特质，人类才会进步。有人说如果当初苹果砸到牛顿头上，他没有问"为什么"，那么他就发现不了地球引力。如果爱迪生不是天生好奇爱探索，他就不可能有超过两千项发明，我们就不可能拥有留声机、电影摄影机和钨丝灯泡……所以，我们怎么可能对发生在自己身上的事情不闻不问？我们怎么可能忍住刀割在肉上的疼痛，而不问个"为什么"？但是，我要说，亲爱的朋友们，如果你想要成长、想要走出困境，就必须咬牙做到不问为什么。

这并不是对自己残忍，而是基于几大现实理由：

一、问了也没用。之所以说不是所有的问题都需要答案，并非我们"不需要"答案，而是即便我们知道了答案，了解了缘由，也于事无补。我知道我的"男朋友"为什么会跟别的女人结婚了，因为他一直都只是把我当成"备胎"或玩乐的工具，他从来没有真正爱过我……请问，你是真的想要知道吗？又或者你心里真的不明白吗？不。其实你心里十分清楚，你只是不愿意承认或者不甘心。你心里真正想要的，并不是那个答案，而是你希望那个抛弃、伤害了你的人来到你面前，亲口给你那个答案。

那么，退一万步来说，即便你真的知道了那个答案，又能如何？你还能为自己或为了已逝去的感情做些什么？

二、分手已成定局，一个解释改变不了任何东西。他还是他，你还是你。他不会为了回答你的"为什么"而再跟你在一起。其次，他已不爱你，如果他仍有不舍，你们根本就不会分开；若他已然舍下，那再多的眼泪与"为什么"也不可能挽回他的心。永远记得：一个舍不得看你流泪的人，不会伤害你；一个主动伤害你的人，只会对你的泪水视而不见。

三、不要用无法挽回的过错来惩罚自己。也许分开的过错并不能只归咎于对方，也许你确实也有错，但执着纠缠于一个"对错"的答案并不是疗伤的好方法。要认清"事实既定"，无可更改，所以才要学会放过自己。即便让你知道了答案又如何？你可以证明什么？显而易见，那并不是令你摆脱伤痛的有效手段，相反会让你深陷于对往事的追究，怨天怨地怨自己、愤世嫉俗，无法自拔。

过去已然过去，他都已经迈开大步往前走，为什么你要坚持留在伤害里？关键是，你可以坚定地滞留在伤害中，但，给谁看？谁会心疼？谁会在意？至少，你希望在意的那个人，已注定不会再回头看一眼。

四、要明白任何人的一生都必须遭遇两种人：一种令你成长，一种伴你一生。也就是说，有些人之所以出现在你的生命里，他的使命便是给你伤害，令你痛定思痛，而后成长。而只有极小部分的人才可以伴你一生，做你一辈子的亲人、爱人或是朋友。这部分人注定稀少。

所以不必抱怨，也不必追究。他走便走，留便留。离开的人，注定是过客，感谢他耗费了他自己的生命与时间带给了你成长。留下的人，要去珍惜，因为未来你们的生命注定交融，要携手走过一生，共担风雨。

"为什么"其实是一个非常珍贵的名词。它代表了你的天真与好奇，代表你对这个世界充满热情与善意。不要把它留给不值得的人和事，也不要将它折磨变形。要记得，常问为什么并不是对世界的控诉，而是对这个世界的珍惜……

为什么结婚必须要房子

　　时下最热的话题，可谓除了房子，还是房子。时下各种亲属、恋人、夫妻间最多发的矛盾冲突——房产之争。尤其在上海、北京、广州等这样的大城市，各种因为房子而产生的矛盾冲突层出不穷，轻则上报纸、上电视，重则上法院、上民政局。

　　而此中的奇葩事件也着实让人咋舌，让人不禁感叹，中国人90%的问题似乎都离不开"房子"。其中，有亲生子女为了取得房子的所有权而去争抢寡居母亲的赡养权的，他们在取得之后却对年迈的母亲不闻不问；也有在"限购令"出台后，年迈夫妻为了能多买一套房，不惜去民政局办理"假离婚"的；青年男女为了房子结不成婚的，更是比比皆是。曾有人亲眼目睹一对准备买房结婚的小夫妻，在售楼现场因房产究竟是属一个人的名字还是两个人的名字而分手，女方一怒之下夺门而出，婚礼自此泡汤……甚至前不久还冒出一种最新职业"专业代结婚"。所谓"专业代结婚"其实就是真结婚，因为诸如上海等大城市已出台了"必须有结婚证才能买房"的限制政策，于是导致某些想买房又暂时找不到另一半的人选择临时找人"代结婚"。他们抱有的心态是：办完手续买完房再离呗！

说者轻松，听者离奇。说实话，这个世界上只怕没有任何一个国家的民众对"房子"的欲求能比我们伟大的中国人民还强烈。

很多年轻男士甚至把娶不上老婆、打光棍的原因归咎为两点："到不了手的房，势利的丈母娘"。丈母娘为什么可怕呢？因为未来老婆还能跟你谈"爱情"，丈母娘就只跟你谈"房子、车子、票子"。

甚至有某国外记者采访我时问我："中国的女孩儿现在的婚恋观，是不是只有房子和物质？"

我笑笑回答："请不要用某些社会传闻把中国女人妖魔化。"

房子不是"万恶之源"。想要"房子"的人也不见得就是拜金。

中国到目前为止还是发展中国家。中国人的传统观念和生存模式就是靠着"土地"活下去。我们的祖先守着土地耕种、劳作，勤勤恳恳。人们在农田边上建房子，也是为了下地干活的时候方便些。工作时"汗滴禾下土"，收获时才有"粒粒盘中餐"，那时他们对土地的依恋只怕比我们更强、更胜。你能说他们是拜金吗？of course not！而时下中国人对房子的"深情"与"执着"，无非也是变相对"土地"的一种依恋。"土地"是刻入我们骨子里根深蒂固的依靠，必须脚踏实"地"才有安全感，也能感觉到家的存在。

当然这也并非是在为现下社会中很多光怪陆离的现象做开脱，只是让大家明白，任何的固执与执着都有由来。冰冻三尺非一日之寒。任何一种社会观念的形成都一定有它深远的可溯的根源。

搞清楚了根源，我们再来看待现下的问题，恐怕就能以稍稍公正的态度来评判。既然房子在传统的思维模式中，代表了"安全感"。那么人类想要安全感是天性，并无可厚非。剩下的问题就是：你或某人想要的究竟是何种安全感，片瓦遮头可安全，占地千顷也可安全。每月付租金的是房子，每月还贷的也是房子。其实租房与买房的差别，不过是每月把钱交给房东，还是交给银行。所以接下来的问题便是，我们究竟懂不懂得"量力而行"。

其实，很多国人大可不必对房子如此仇恨。房子本身不偷、不抢、不作奸犯科，招谁惹谁了？说到底，炒高房价的是贪官与黑心房产商。房产商为拿地花了很多成本，这些成本去了哪里大家心知肚明，那么想再多赚点钱的唯一方式是什么？自然就是抬高房价，羊毛出在羊身上，消费者便是那最无辜的羔羊。

其次，便是社会大环境给人造成的压迫感和攀比心。昨天隔壁张大婶儿的女儿出嫁，婚房买了120平米；明天姑姑的儿子娶媳妇，房子买了180平米，还在市中心黄金地段；后天更不得了……有了这些比较，人的"心理价位"自然炒高。渐渐地，人们评判一个人混得好不好，首先看他住在哪个区、什么地段、房子多大。所以，不要过多的埋怨他人，至少埋怨他人之前，自己是否也曾用同样所谓"势利"的标准和眼光看待和评价过别人。当然，由于社会大环境是如此，我们生活在这样的大环境下自然很难不感受到压力。

曾有很多朋友抱怨过：十年前想买房，首付二十万觉得贵。把钱藏着等房价跌，结果十年后二十万连个厕所的首付都不够……在房价如此飞涨的当下，渐渐地连我们自己（虽然一路抱怨、一路不满黑心房产商）也觉得似乎不早点下手抢下一套房，就是错失了发财致富、投资理财的大好机会，我们会为此深感懊恼。

在上述这些综合因素下，女人要婚房并非拜金，而是对家的渴望，对安全感的需求。

其实，女人若肯换个角度来思考和看待问题，所有的问题便都不是"问题"。

现代女人要想明白自己的安全感应该来源于：

一、独立自主的经济能力。你可以享受男人的给予，但不要依赖男人的给予。一旦过分依赖、失去自我，那么一点点风吹草动都能令你的世界灰飞烟灭。说粗俗些就是，经济地位决定家庭地位。当你成为一个被男人养在家里的女人时，丧失了自我和赚钱的能力，那么这个男人想对你如何就如何，想让你干嘛，你就得干嘛。一旦让他有什么不满意，被踢出局的只能是你。但是没有独立经济能力的你，还能去哪儿呢？如果你离开他，无异于整个世界的崩塌。如果你不想自己落入如此被动的境地，那么最好做一个有独立经济能力的女人。这并不表示你就不接受男人的给予，你当然可以接受，并且高高兴兴地去接受。每个女人都很享受男人疼爱自己，愿为自己花钱的过程。但"你不能也不需要依赖他生活"，这是至关重要的一点。

二、男人的责任感。房子可以给女人增加安全感，但并不等同于安全感。房子塌了，男人要愿意为你扛！男人的责任心，是女人对于"家庭"安全感的绝大部分来源。婚姻是两个人的交互状态，不能单方面付出，更不能一厢情愿。一个女人做得再好、付出得再多，无法单方面创造"婚姻"的幸福，也不能保障婚姻的长远，当然也谈不上有什么"安全感"。

譬如打乒乓球，你来我往才是"合规"的比赛。你对手的状态，也将直接影响你的状态。

三、男女同步的上进心。任何一方都不能停止完善自我，差距等同裂痕。两人之间的差距有多大，裂痕便有多深。如上一点所述，对手的状态影响和决定你的状态。所以当有一方遥遥领先时，若另一方还在慢悠悠地逛马路，甚至止步不前，那就注定了两个人会有分离的结局。这时候房子再大也没有用，关不住一颗想要远走高飞的心。

如果女人们都能弄清楚以上三点，自然不会把眼光死盯住"房子"不放。

还是那句话：房子不是万恶之源，要看你如何看待这个问题。

如果你被爱伤害了怎么办

如果有人问我"她被爱伤害了怎么办？"，我会告诉她：要学会感恩伤害。相信有不少人会投反对票，会认为这是"站着说话不腰疼"。的确，通常我们经常会犯"手电筒照人"式的错误。看别人毫厘必究、清醒异常，而看自己却是"雾里看花，怎么也看不清楚"。甚至有时对于问题也清楚、也明白，但就是让自己深陷其中，对所发生的事不甘心，打死也不愿放手。对于"伤害"，我们更是如此。

一般人面对伤害的处理方式有三种：1. 掉头就走，绝不回头。挥一挥衣袖，不带走一片云彩（这招通常只用于教育和劝慰别人）。2. 你不仁，我不义。你不让我好过，我也绝不能让你逍遥（这招通常是极具报复心的人遇到伤害时，对待他人的"绝招"）。3. 哭到山穷水尽，抱怨到海枯石烂，碎碎念不断重复。主题只有一个：为什么？为什么他要这样对我？为什么我会遇到这么不公平的对待？我做得还不够好吗？他做得还不够烂吗？我到底该怎么办，才能忘记这一切往前走（使用这种方式的占大多数）？普通人通常没有上天入地、翻江倒海的本领，也没有破釜沉舟同归于尽的勇气，自然只好哭诉。所以只能向朋友哭诉，向亲人哭诉，向所有认识、不认识的人哭诉，逮谁跟谁哭诉……

那么，我们来看一下，这三种方式分别能带给我们哪些利与弊呢？

首先，第一种方式：劝别人回头是岸自然是靠谱的方式。既然伤害无法避免，为什么非要硬着头皮逆势而行"顶风作案"呢？人心毕竟是肉做的，又不是防弹钢板，不存在"天生挨枪子儿"一说。

这种做法的好处是：当断则断，不受其乱。好比做手术切除一个毒瘤，一刀下去干干净净，让自己避免多走很多回头路。要知道，当你发现走错路要回头时，只能一个人走。这段路既孤独又痛苦，少错一点，少往前走一步，回来时便少痛一点。

而这种做法的坏处是：割肉连皮，这种手术没有麻药可寻。清除毒瘤自然要剜到肉，难免心口血肉模糊，这样的自己且得缓一阵子，才能康复。碰上意志力薄弱的人，很容易崩溃，宁愿选择自己骗自己，继续吊着，且痛且耗着。

第二种"报复性"方式。所谓"爱得越深，痛得越深，恨得也越深"。人的脑容量只有那么一点大，几乎每个人都有机会遇到钻牛角尖的时候。一不小心走进死胡同，"老子就算死，也要拉你做垫背"的想法难免就会跑出来。

这种做法的好处是：解一时之恨，图的就是一痛快。报复了仇人（无论这个"仇人"是否是自己曾经爱过的人），多多少少总是有些快感。

但它的坏处不言而喻："痛快"过后，后患无穷。不要以为解了恨，便解了愁与痛。能让你恨到不惜"鱼死网破"的人，必然是你爱到极致的人。本着"报复"的心理伤害了自己最爱的人，你会发现，曾经的爱并未减少，承受的痛苦却有可能增加。

再来说说第三种"喋喋不休、祥林嫂型"。大部人遇到伤害时往往都会做出这种选择。所谓"不吐不快"，觉得自己已经遇到了如此深重难以消解的痛苦与伤害，还让自己一个人憋着，不向人倾诉、不流泪、不喝酒撒泼发泄，这简直是惨绝人寰！人心不是垃圾桶，它应该用来装载幸福与美好，即便是垃圾桶，总也有装满的一天，堆在那里永不倾倒处理，迟早要崩盘。

这种做法诚然是被大众允许和接受的。它的好处是：多抱怨、多吐槽、多听听朋友的劝导或者支持，不容易憋出更重的内伤。两个人恋爱的时候每每只剩下"二人世界"，尤其对于女人来说，基本顾不得外面好山好水好风光。而一旦因此受伤分开，女人自然需要多多走出去，重新融入世界。

而这样做的坏处也是显而易见：吐槽完过后，伤痛如旧，现状并无丝毫改变。于是你便需要再次碎碎念，逮住朋友们做新一轮的吐槽。而鉴于能够与你分享私密的朋友也就那么几个，久而久之，朋友看到你都头痛。永远记住，这个世界上没有"感同身受"这回事。因为旁人（哪怕是至亲与好友）并未亲身经历你所经历的一切，他们只能凭你的描述尽量理解。同情是真，心疼你也不假，但刀没搁到人家身上，人家就永远不知道那滋味儿有多痛。再加上你的表述也重复，可能颠来倒去、反反复复就是那点陈芝麻烂谷子的事，你说一星期、两星期没关系，一个月、两个月下来别人就有点吃不消了，你要如此折腾个半年、一年的，谁忍受得了你?

分析了以上三种常见"面对伤害"的方法,我们不难发现,那似乎都是有利有弊、治标不治本的方法。因为从根本而言,这些方法都是基于"驻足伤害"的基础之上。伤害就像妖怪。你跟它较劲,把它当对手,所以才需要想出各种各样的方法去打败它。而事实上,想要战胜妖怪,不一定靠正面迎击。你可以无视它,换一个角度看待它,或许你就会发现,其实它从来不是害你的"妖怪",而是帮助你成长的朋友。

常常听到有人对"爱情"用"害怕"这个词。我觉得特别有趣,我想问:爱情难道会吃了你?宰了你?生吞活剥了你?不成功的恋情无非带给你些伤害,让你心里留点血、没事落点泪,但也是过了也就好了。每个人体内都有自愈系统,很多伤痛,都是经过时间之后把它治愈了的。而换个角度想,"伤害"其实是老天赐给我们的礼物,经历过伤害,我们才能成长。至少,我们知道了痛,所以日后不会轻易伤害他人,也不会让他人轻易伤害自己。而经历过"失去",我们才知道什么是"珍贵",什么叫"珍惜"。每一个伤害过我们的人,令我们更清楚,究竟什么样的人我们不需要,剔除了所有不需要的,剩下的就是我们要的。

要学会用平常心面对伤害,用感恩的情绪替代眼泪和抱怨。你会发现原本一团糟、暗无天日的生活突然会显出一丝光亮,即"山穷水复疑无路,柳暗花明又一村"。那道光明就叫做"希望",是我们继续走下去、找到幸福的"希望"。

我们要感恩所有的挫折,因为有了它们的锤炼,我们才能越来越坚韧;我们要感恩所有的欺骗,因为有了它们的教训,我们才会坚定地选择

"真诚"；我们还要感恩所有的痛苦，因为经历过它们，我们才能深刻知晓"幸福可贵"；当然我们还要感恩那些错过的人与风景，曾经的错误与错失，其实是对未来最美好的祝福与成全……

祝福所有仍沉浸在伤害中的人！记得，"受伤害"也不完全是坏事，至少那证明了我们心是软的、血是热的。真爱就像燕窝，尽管市场上超过九成都是假货，但你还是要相信有机会能吃到真货。否则，就算人家把真货送到你手里，你也有可能把它当成赝品丢进垃圾箱。

把男人的情话当糖吃

碰到一位粉丝给我留言说：最近情绪非常低落，有个男的曾经信誓旦旦说这辈子只喜欢我一个，结果没多久他就有了女朋友。而且最可气的是他在跟那个女孩暧昧期间，同时也在跟我暧昧！我是有男朋友的人，虽然不会喜欢他，对他也有点抱歉，可是现在突然一下子心理变得好不平衡啊！为什么呀？他明明说了这辈子只爱我一个，为什么转头却又可以去喜欢别人？

这是一个非常有意思，也具有普遍性的案例。首先，我们在这里看到了一句世俗社会的至理名言：宁愿相信蛇会长腿，切莫相信男人那张嘴！男人的花言巧语，女人一向是非常受用的。曾经有人说，男人是视觉动物，而女人是听觉动物，所以，男人看见美女就心动，而女人听到甜言蜜语就骨头酥，这确实不无道理。女人心很软、耳朵根子更软，多数时候都非常容易哄骗。碰上某些天生就爱幻想的女人，那更是对男人的甜言蜜语毫无招架之力。男人好话没说上三句，木桩没立起三根，她这边已经自行把亭台楼阁、鸟语花香的都搭建好了，人家说只喜欢她一个，她便能联想到"一辈子只为她要死要活"；人家说"愿意等她"，她便恨不得人家遁入空门、为她终生不娶。其实，女人无非是爱给自己"造梦"，是自己的虚荣心在作祟。

这也验证了一个说法：女人姣好的长相，使男人迅速坠入情网；男人的甜言蜜语，使女人乐于被拉下爱河。

每个人都多多少少经历过那样轻狂的时期，以为全世界都围着自己转。以为只要是说了"爱自己、愿意等自己"的人，必然终生不跳票[①]；以为自己魅力大到天上有、地下无，人世间无可取代。但经历过了岁月洗礼、伤痛沉淀，才会发现自己当初的无知与可笑。

究其原因，就是：每个人都希望自己是特别的。因为太过"希望"，所以才会产生错觉（或者说愿意轻信别人说的话），认为自己是特别的。而这个时候，别人随口一句"爱你一生一世"，有人就能真的相信会被爱到"永远"。因为在她们内心深处，这句"一生只爱一人"并非仅仅情话而已，而是一种对自己的肯定与褒奖。它背后更深层的含义是：我实在太优秀，太特别，以致别人才会爱我爱到天荒地老、无法自拔的地步。而当遇到这种"痴情人儿"越多，自然证明自己越优秀。

曾经有人指责那些爱搞暧昧或是不接受、也不拒绝他人的人，认为她们是喜欢搞暧昧，喜欢吊着别人，喜欢给自己留"备胎"。其实是那些人不懂"备胎"的真正含义。既然女人把一些男人视为"备胎"，表示"备

---

① 跳票：相当于空头支票，可以泛指存在于各行各业中的一种欺诈现象。

胎"必然有某一部分无法令自己完全满意。也就是说，即便你真的偶尔将"备胎"拿出来用用，你照样不会对他满意。就像在现实生活中一样，"备胎"永远只是"应急轮胎"，无法成为常用胎。

所以，就像那位苦闷的粉丝。她心理不平衡的并非是那个曾经承诺爱她一生的男人"移情别恋"，她只是真的不愿意相信这个事实。因为对她而言，这样的结果挑战的不是她的"爱情"，而是挑战她的自尊、魅力与骄傲。异性的倾慕是我们为自己加分的法宝。被狂蜂浪蝶穷追不舍的女人，走在大街上都会比其他人更有自信，头也仰得高一些，说话做事也更硬气甚至嚣张一些，这就是为什么我们习惯说"某某某被男人宠坏了"。那实际上不叫"宠坏"，爱情是一场属于征服者的战役。征战沙场无往而不利，拜倒在自己脚下、臣服于自己魅力的人不计其数，那就是女人的资本，有资本、有实力又战绩显赫的人当然有资格骄傲。

所以这种情况并非特例，在生活中也较普遍。很多人都无法接受曾经对自己深情款款的人转投他人怀抱，尤其是女人，更会生气烦躁。因为她们比男人相对更在意"表相"，更虚荣。她们无法接受原本"为自己加分"的异性，如今又成了别人的裙下拜臣，也就是说，那是减了自己的分，加到了别的女人头上！而美丽优秀如她，难道没有资格让男人为她痴恋到天荒地老吗？这是一场女人间无声的较量和无烟的战役，旁人永远感觉不到，但绝对硝烟弥漫。

不过在这里，本人不得不对抱持这样想法的人说句实在话：你如果继续这样下去，注定会害死你！

我们必须要知道：爱情需要回应。它就像一场乒乓球赛，必须"你来我往"才能维系。这边一个球打出去，那边却毫无反应任由它掉到地上，这叫"打球"吗？这是自己跟自己玩儿，小丑在演"独角戏"。同理，一个人的相思能叫"爱情"吗？当然不能！那只是自己心中的苦涩，别人眼中的笑话。

所以，从公平的角度，既然你给不了他什么，又凭什么要求他为你单恋一辈子？而从现实更残酷的角度来说，世界上没有谁是特别的，更没有谁的"位置"是无可取代的。换句话说，你可以努力要求自己"特别"，但无法避免被取代。因为"位置"始终只是一个"位置"，它始终在那里，始终会有一个人发现它，然后一屁股坐下去。所以聪明女人的方法是：情话，听听就好，千万别当真！错过的，别再追究，放他自由去奔跑。陷入爱情里时，所有的山崩地裂、海枯石烂的情话随便说，你尽可随意享受，这就譬如有人给了你一颗大白兔奶糖，你只管吃，吃完擦擦嘴，一切都byebye！过程你很满足，尝到了甜蜜，就够了。而你一旦选择放手，就把这一切全放掉。不执著，不追究。你自己把给你糖的人扔了，怎么指望他还能无条件给你长期供应奶糖呢？

而对于他"找到新欢"这件事，你的上策是不闻不问，仿佛这事从来与你无关，你根本不care、也不知道。中策是你尽可大大方方恭喜人家，祝他们早生贵子，做到"再见亦是朋友"。下策才是不依不饶、纠结痛苦，一个人生闷气、心理不平衡，说白了，你们缘分已尽，他正在享受他的浪漫爱情，哪会有心思顾得上考虑你生不生气、痛不痛苦？

套一句老话：回头是岸，放过自己吧！

第三章

Chapter＿3

提升你的"被爱指数"

爱情是发自心灵的相互吸引，而不是委曲求全的苦苦
迁就。最聪明的女人，都是默默提升自己的"被爱指
数"，牢牢地将自己的那个"他"，紧紧地吸引在自
己身边的女人。

"自私"的女人最被爱

为什么说"自私"的女人最被爱？因为"自私"的女人选择对自己好，让自己成为别人无可替代的好女人。

女人之美或美的女人，都好理解；女人之好与好的女人，实难把握。这里我们就好好聊聊何谓好女人。

经常在微信朋友圈中看到很多人转所谓《男人命运女人决定》的帖子，总结下来无非几点：不吵，不闹，万事容忍。女人温柔如水，男人才能发财；女人脾气越好，男人越能飞黄腾达。所以各位女人们不要抱怨命运不公，能够嫁给什么样的男人其实是你自己决定的。我每次看到这样的言论，无非笑笑而已。不用问，转这玩意儿的一定是男人；写这玩意儿的，铁定也是男人，并且是自私的"小男人"。

有人会问，为什么写出这样"大男子主义"话的，不是"大男人"，而是"小男人"？很简单，因为世人往往给予了"大男子主义"完全错误的理解。

不要以为"大男子主义"就是对你呼来唤去、颐指气使，叫你往东不得往西，叫你站着不得坐着，而你还不能反抗，不能对他不敬，必须把他当主子似的供着、伺候着……这纯属扯淡！真正的"大男子主义"是他爱你并疼你，因为把你当成他的责任，所以愿负担你的一切，哪怕对你的要求和斥责，也是因为他知道怎样才能更好地保护你，不允许你受到外界一点点伤害。

所以，如果一个男人以"好女人"的标准来要求甚至苛责你，请迅速离开他吧，因为他不值得你为之改变和付出。哪怕你当真做出了改变和付出，他也会摆出一副至高无上的救世主嘴脸，说："看吧，你今天之所以这样出色，完全是因为听了我的话，是我调教得好！"这样的男人不懂感恩和体谅，永远不会懂你、疼惜你。

那么，究竟什么样的女人才能称得上是个"好女人"呢？

与"好男人"同理，对于这个问题也是没有绝对和唯一答案的。男人没成功前，丑妻或许才是家中宝，你太美太能干，反而是他们的负担；男人成功后，女人的贤德很重要，你需要能忍、能照顾家——当然若你长得很丑，那么再贤德恐怕也是要扣分的。有些男人不喜欢女人交际面太广，觉得那样的女人不能给他们安全感，搁在家里会让他提心吊胆；有些男人又不喜欢太过缺乏见识的女人，觉得跟她永远不能处于同一层面，没法沟通对话。

所以，作为女人就要撇开男人的要求，从心出发，做一个"对自己好"的女人，这比做一个"好女人"重要得多。

究竟什么才叫"对自己好"？给自己添置一身名牌，整一张四处"撞脸"的面孔,那叫"对自己好"吗?我只能说,那或许可以成为"善待自己"的一部分,但绝不是主题。

女人如何"对自己好"?其实也不难。

你需要有一张美丽的面孔——请注意,我说的是"美丽",而不是"漂亮"。我曾反复强调"美丽"与"漂亮"的区别。"漂亮"是手术台作业,而"美丽"是由内而外的作品。虽然不是每个女人都能长得沉鱼落雁、闭月羞花,但你完全可以拥有一张美丽的面孔。

美丽的面孔有哪些特征?

善意。善良是人与生俱来最美的容貌。如果你为人善良,对待遇到的每个人都心存善意,这些一定会体现在你对外的表达上。如果你的语气、口吻、眼神,每个举手投足间的动作都充满和善,都能让人如沐春风,那么你在旁人的眼中,一定是美丽的。

笑容。无论你长成什么样,记得一定要爱笑。哪怕笑太多会让你原本不大的眼睛变得只剩一条缝,哪怕让人看到你天生不平整的牙齿……那不重要。重要的是,你让人们看到了你的快乐,感受到了你心底透射出来的阳光。记住,爱笑的女孩,运气差不了;在别人眼中,也一定丑不了。

表情要丰富灵动。美容专家会告诉你,过多、过大的表情会让你很快滋长表情纹,而表情纹到了一定程度就会变成皱纹。在这里,我要说,让美容专家见鬼去吧!表情木讷、严肃的女人是可怕的,木讷会突显你的不聪明;而严肃就像一堵墙,会将你和美好的世界彻底隔绝。设想一下,如果每个人看到你的脸就像看到一块生硬的门板,他们会怎么想?他们会想:这个女人不好惹,这女人装什么装,她讨厌我吗?她怎么那么让人讨厌呢?她最好快点走开……好吧,无论是他们对你存有哪种想法,相信我，那绝对不是让你看起来"美丽"的想法。

除了拥有美丽面孔之外，你还需要良好的气质，这也是我一直强调的，"腹有诗书气自华"。如果你看过的书不够装满一个书柜，那么很抱歉，你将跟"气质"这词完全不沾边。优雅的气质可以提高你在他人心目中的印象，因为气质直接体现的是你的个人素养——你的成长环境，你所受过的教育，你的内涵与思想……这些都是气质形成背后的原因。所以，不用我说，优雅的气质到底代表了你具备哪些优秀条件，看到此时，你就能一目了然。当然，不是每个人都那么幸运能够出生在书香门第、贵族之家，但先天的不足完全是可以依靠后天的努力来弥补的。

方法很简单：

多倾听。吸纳别人优秀的观点，这是你最快捷、最迅速成长的方式之一。新异的观点马上可以拿去别处现学现用，这会让你看起来既机灵讨巧，又内涵丰富。而良好的倾听习惯也会让你显得极具修养，这显然跟你受到的良好教育是分不开的。于是，你在通往变成一个公认的"好女人"形象的道路上又近了一步。

多阅读。请注意这里所说的"书籍"是有品质、有内涵和有思想的书籍，并非言情、恶搞、连环画……学会挑选一本好的书，是你"对自己好"的第一步，也是你成为一个"好女人"的第一步。

多思考。皮肤需要保养，大脑同样需要滋养。思考可以锻炼你大脑的转速，提高你看待问题的敏感度和深度。一个大脑保养得当的女人，永远不用担心失去魅力。

以上三点并非速成法则。请无论如何要记住：气质不是漂亮面孔，不是找个好医生操刀，两三个月就能麻雀变凤凰。气质需要长期地积累，经年累月地打磨，方可成形。所以不要偷懒，扎扎实实地啃完每本书，听完每段话，反复思考——尽管当时你可能觉得很浪费时间，但请相信我：几年后，你会感激当初"浪费"掉的那些时间。

最后，你需要拥有良好的谈吐。如果说前面两种只是停留在他人对你的感观层面，那么最后这一条显然是更实质的"接触"层面。一个人的人品怎样，只有接触了才知道。没经过交流，他人永远无法对你下判断。可能有人会觉得"谈吐"这事很难——我其实满腹经纶、思想丰富，可我就是不善于表达，怎么办？

相信我，你如果真的用心做到了前两条，最后这一条只是"水到渠成"的事。如果你的肚子和脑袋里真的已经装了足够多的书、足够多的故事与思想，你自然会有表达的欲望，会愿意与合适的、意气相投的人分享。说不出来，无非时机不对，又或者你遇上的人不对。解决这个问题就简单多了。只需多接触社会，多出去走走，增加阅历和见闻。当你见得人越多，越容易迅速做出判断——他是不是那个能够或值得你与之交流的人。判断既定，那就尽情地释放你的魅力与光彩，做一个他人眼中出色的"好女人"吧！

综上所述，做个他人眼中的"好女人"并不难，难的是你首先要知道如何正确地"对自己好"。懂得真正"对自己好"的女人，就是最好的女人。

怎样辨识好男人

经常会有人问我，到底什么样的男人才算好男人？到底怎样才能找到一个好男人？

对于第一个问题，通常我的回答是：男人不分好与坏，只分强与弱。好、坏只是相对概念，没有绝对标尺衡量。有绝对标尺的是：善良、正直、有担当、能为自己和爱的人负责任，一个内心强大的男人，能够做到这一切。

但说实话，这样一个笼统的回复并不能解答所有人的疑惑，因为每个人所要求的"好"并不相同，从这个角度来说，所谓好男人，委实也是一个伪命题。

譬如某些女人想要的就是一个爱马仕的包包，一块萧邦的手表，而她偏偏遇上了尚在奋斗、囊中羞涩的男人，难以满足她们的需求，于是他在她们的评判里就不能算好男人。而另有很多女人已然什么都有，她们需要的只是肯花时间陪伴在她们身边、嘘寒问暖的男人，偏偏这时遇上的人是生意做到全世界的大老板，他成天到处飞，不用说，他也自然不能成为她们的好男人。再有某些要求确实并不太高的居家型女生，她们或许是贤良主妇的出色代表，但她们也有自己的标准，那就是：忠贞，绝对不允许背叛和出轨，偏巧她们遇到的是就爱在外拈花惹草的公子哥儿，那么她们的世界也只剩下不幸，没有好男人。

撇开出轨不谈，我认为前面两种男人都基本可以算作好男人。也许尚在奋斗中的男人没什么钱，但是他可以为你跑几条街买豆浆油条；在你发脾气的时候，他默默忍耐；不争吵、不抱怨，把你摔烂的东西清理干净；在你冷静下来心怀歉疚的时候，对你笑笑，说"没关系"。也许生意做到全世界飞的大老板没时间陪你，可他每次回家的时候都会给你带回一个你期待已久的礼物；当你逛街把卡刷爆的时候，他默默为你提高额度；也许他某些时候确实曾犯下错误，但为了表示诚意的悔改，他把所有资产全部转移到你名下（就像某位国际巨星），你能说他不是好男人吗？哦，No！要知道，无数在你身边或许你不够满意的男人，真丢出去，那就是饿狼的美食，浪蝶追踪的目标。

所以，亲爱的女性朋友们，世上其实不缺好男人，我们真正缺少的是一双善于"发现"的眼睛。这就像著名的雕塑家罗丹所说的一样："美是到处都有的，对于我们的眼睛，不是缺少美，而是缺少发现。"

曾有男人抱怨说，女人需要的永远是你"现在"没有的东西。从某种程度上说，我赞同这种说法。确实有不少女人，男人没钱的时候，她嫌弃他"没本事"；男人有钱的时候，她抱怨他"只知道赚钱，从来不懂关心自己"。但是，为什么不换个角度想想呢？换个角度来看，他或许兜里只剩下一百块，但是却把九十九块给了你，微笑着说"明天我还能挣"；他可能确实没有太多时间陪你，可那正是因为他受够了穷困，想要给你更好的生活；为了补偿，他才会任由你胡乱刷卡，买回来一堆他完全无法理解并且认为根本不需要的东西；即便他每天只能睡六个小时，也坚持回来抱着你、躺在你身边……

愿意将富足与你分享的男人，他可能很喜欢你；愿意将最缺少的东西与你分享的男人，他必定很爱你。

这里必须注意什么叫"缺少"，缺少就是，他并非吝啬，他能给你的真的只能这么多。

要找到好男人，首先要理解"缺少"。不要以"富足"的标准去苛求"缺少"。给他量力而行的空间，他必定会更爱你，愿意更多地回报你。

说实话，世上真的没有什么好男人，因为很多人将"好"的标准错误地等同为"完美"。人们总在苛求"好"，而非欣赏和发掘"好"。

之前说了"男人不分好与坏，只分强与弱"。可能很多人会误以为这是在引导别人傍大款，因为她们不能理解什么叫"强"，在她们的世界里，可能只有成功的大老板才能算得上"强"。

但是我要说，你们又错了。你们不但错误地理解了"好"，也错误地定义了"强"。一个男人真正的强大，不在于资产的丰厚或拳头的强硬。一言不合就抡膀子、抄家伙就干架的，那不叫强大，那是狂躁症或者流氓地痞。一个男人真正的强大在于他的内心。一个人的内心越强大，外在表现越安静。

真正强大的男人不会因为外界的批判和侮辱而灰心丧气或者暴跳如

雷，更不会自暴自弃，他只会更加努力、努力再努力，等到某天他可以站到曾经侮辱他的人面前，让他们自动俯首帖耳、恨不得跪到他脚下。真正强大的男人不会因为外界的流言蜚语或是某些看似无法逾越的鸿沟放弃你。若他爱你，他会为你撸起袖管去争取，誓死填平那道鸿沟也要跟你在一起。真正强大的男人不会因为外界环境的改变而改变，他始终是他，他知道自己要什么，知道自己应该做什么。

所以，女人与其费尽心思、耗尽时间去寻找所谓的好男人，不如擦亮眼睛去发掘一个强大的男人。当激情退却后，爱也许不如从前滚烫；时光悄悄流逝，我们的注意力或许不如从前般集中于对方身上；但是一个真正强大的男人会给你一个可依靠的肩膀，不在于毫厘必究的细节或每分每秒的陪伴，但当风雨来临，他必定会为你撑起一片天空，陪伴你，与你携手共度风雨……

曾遇到无数女人在感叹"没有好男人"，而很多男人也在感叹"没有好女人"。那为什么好男人和好女人总是无法相遇呢？原因很简单，因为每个人都认为自己是"好人"，那么那个令自己不够满意或不好的人，自然就不是"好人"。

其实，"好"或"不好"无非是外界对人的一种评价，而非衡量标准。也就是说，如果一个人以别人的评价来要求自己，那他将会永远活在他人的非议中，会活活累死。永远记住：你不可能让全世界都满意，你只能做好自己。而你能挑选到的所有人都不可能达到完美，学会包容与体谅，好男人都是好女人调教出来的。在找到一个好男人之前，先让自己成为一个好女人。

男人说忙背后的真相

常有女孩儿抱怨说自己男友很忙，忙到完全没时间陪自己逛街、吃饭、看电影，没时间跟自己柔情蜜意地煲旦话粥。而面对女人的投诉与不满，男人的解释倒是出奇的一致：我很忙，非常非常忙。我要立业、养家，我做的一切都是为了我们俩以后更好的生活。

通常面对这样的说辞，女人都会表现出困惑和无奈，他真的这么忙吗？我难道只能接受他这样对我吗？男人说忙的背后隐藏着怎样的真相？

事实上，并不是所有的男人都会把女人丢在一边，但男人忽略自己的女人有两种可能：一是他真忙，他把你当成自己人，往往忽略一些小细节；二是他装忙。

对于真忙的男人，女人最好是理解。

我必须很公道地说，大部分女人一旦陷入爱情，往往会有些迷失自己。她们一旦踏入爱情，便会觉得全世界只剩下了那个他，眼里只剩下了爱情。与男人喜欢放出诱饵去垂钓爱情相反，女人喜欢不惜血本地守望爱情，女人会觉得什么事都没有"谈恋爱"来得重要。于是，她们往往会错误且一厢情愿地觉得，男人也一定是这样想。

事实上，我们不得不很遗憾的承认，男人与女人的思维有时确实不在一个频道上。从对待爱情的态度上说，男人就是女人的整个世界，而女人只是男人的一个月亮。想让他完全理解你的感受，完全没有可能。再跟脚的鞋子，走路时也会出现缝隙。再完美的soulmate（心灵伴侣），也不会成为你拼图中正好缺失的那一块。

对男人来说，事业与现实往往比爱情来得重要，或者至少，同等重要。只爱美人不爱江山的男人不是没有，那多数也是他拥有江山或有机会得到江山的时候。大多数男人还是奋斗在路上的小兵，不是坐拥江山的王者。

一个仍在奋斗中的男人，时间往往是一种极其珍贵的成本。也许在陪你煲半小时电话粥的时间里，他就可以联络几个重要的客户，做成几笔单子。也许陪你吃饭、逛街、看电影的那个下午，他可以做出一整个月的销售计划，并逐步去实施……而这一切可以换来你们未来婚房的半个厕所或者你心血来潮时买下的几个LV包包。这样的男人，并非忽略你，而是十分地重视你，重视你们的未来。他知道什么是真正的"对你好"，他们认为对你好并非整日甜言蜜语、牛皮糖似地跟你黏腻。"对你好"应该是为你去奋斗，给你踏实、安全甚至富足的生活。

什么是一个男人的责任心与上进心？为了爱人去奋斗，希望给她更好的，让她为自己骄傲，这就是责任，这就是上进。

对于这样的男人，不仅是要理解，更要珍惜。因为我们都十分清楚地知道，时间充裕、可供大把挥霍的年轻男人只有两种：一种是游手好闲的"二代"，一种是得过且过的混子。"二代"虽好，未必是你的。他对你的心，真假难辨。混子无所谓，如果你能接受他这辈子就是一摊扶不上墙的烂泥，对生活不要抱有要求，那也会幸福。当然再次，你还可以找一个已经完成奋斗、年过半百的老头，如果他还能有那份激情和能力来爱你的话。

当然，"珍惜"并不代表你需要一味的隐忍，把一切都憋在心里。沟通是情侣间最重要的法则。男人可以忙，但必须要有沟通的时间。你对恋人有不满没关系，记得一定要说出来。不必大吼大叫，也不必闹别扭。只须坦诚地、认真地跟对方说出自己的想法，才能将自己的爱情经营得更好。让男人懂得爱情与事业并重是可以，但必须是"并重"，不是一头重若磐石，一头轻如鸿毛。一个人可以将自己一半的时间用于工作，一半的时间用于经营爱情，这才是最理想的生活。除了"靠谱男青年"，剩下的自然是不靠谱的了，"装忙"的男人就属于这一类。

通常一个男人厌倦了你，另结新欢又或者根本就是想找你玩玩，那么当他得到你之后，他就要开始无比的忙碌了。中东局势、俄美关系、邻家大妈昨天丢了一条狗、隔壁大叔吃饭噎着了……这些都是令他烦恼万分、亟待解决的事，对待这种男人，不用我说，狠狠抽他一耳光，自认倒霉吧！

人生在世，谁还没碰见过三五七八个人渣？只有你见识过，开了眼界，长了知识与经验，下回自己就能学聪明了。不至于那么轻易被男人得到，被男人欺骗。

男人的"忙"分两种，需区别对待。那么该如何判别他是"真忙"还是"装忙"？其实方法很简单，就是看你有突发事件、真正需要他的时候，他是否愿意飞奔到你身边。第一时间赶到的，是爱你的人；过个三五七八天才来的，是玩弄你的人。

真爱你的男人不会眼睁睁看着你有事，不会看到你受苦还袖手旁观。譬如今天你病得很重，需要有人陪你去医院，又或者你出了点状况无家可归急需帮助……这时候，男人依旧声称"很忙"，让你自己想法解决的又或者干脆电话不接、短信不回，事后才回过来说不好意思很忙、在开会的，把他一律拉入你人生的黑名单吧！事实上，所有男人都知道，在女人最脆弱、最需要帮助的时候，往往是接近她的最佳时刻。连这个时刻都不把握的男人，绝对不是因为他不懂、不明白，而只是因为他"不愿意"懂。

这种男人在你面前，永远不会有"不忙"的时候，因为他根本不愿意为你停下来。

当然，以上说的判别方法已属"亡羊补牢"，不过可以帮你免除当断不断的痛苦。若想从一开始就彻底避免伤心悔恨，还有一个最好的办法：等待。

真正爱你的男人，会为你等待。不会因为一两次的拒绝，就失去耐心，转头去追求他人。因为在一个认定你的人心中，你一定是最好、最重要的那一个，其他任何人都无法取代。一个集中在一段时间对你狂轰滥炸、展开猛烈攻势的人，未必是能坚持到最后的人。换言之，他也不是真爱你的那个人。

说白了，想玩弄你的人，唯一的目标就是把你哄到床上，因而急于求成。真爱你的人，想要抱着你在床上躺一辈子，感受你的柔软，眷恋你掌心的温度。为了这一切，他愿意等待。因为他相信，最好的东西，一定值得且经得起等待。

你知道的那不叫"大男子主义"

之前有提到过关于"大男子主义"的话题，很多女生深陷于这样的苦恼。交往的男友对她不理不睬或者对她召之即来、挥之即去，呼呼喝喝，一不满意就骂人，叫她滚蛋，更有甚者还动手。

我非常不能理解这些女孩对"大男子主义"的认知，难道是整个社会给了"大男子主义"错误的定义？男人不拿你当回事、举止粗鲁、俗不可耐，还不懂珍惜和尊重，自称老子想干啥就干啥，想让你干啥就干啥，而你在我面前就得闭嘴，少来烦老子——难道这就是人们普遍理解的"大男子主义"？

No！"大男子主义"绝对不能是这样，也不允许是这样。

一个男人希望你召之即来、挥之即去，他不是"大男子主义"，而是耍流氓！因为他根本没拿你当女朋友，而是把你当应召女郎。一个男人只会一味要求你，对你表示不满，对自己却放任自流，那也不叫"大男子主义"，那叫无赖！

所有女性朋友，千万不要误解了"大男子"的定义。"大男子"之所以强势，是因为他把你当成他的女人和他的责任，因为他相信他能照顾好你，所以你要听他的。没担当、没责任感的"大男子"，只是街边流氓、小混混、无赖、地痞！

我并非女权主义者，我只是完全不能容忍一些不入流的家伙给"大男子主义"抹黑，污蔑了真正的"大男子"。

真正的"大男子"应当具备如下条件：

一、眼界开阔。他必须见多识广，如此才能带领你眺望远方，不至于让你鼠目寸光，只专注眼前那一分一厘、块儿八毛，一个男人最重要的是要有"格局"。"格局"是一个人的"心界"。他的眼界宽阔，心界自然开朗。也只有这样的男人才配引导你，才可以给你教育。因为他的阅历和经验足够丰富，因为他经历无数对错选择，于是才有资格判断对错。

二、胸襟宽广。鼠目寸光固然可怕，但比它更可怕的是小鸡肚肠，无容人之量。女人可以偶尔小气、斤斤计较，但男人不可以，"大男子"更是万万不能。试想一下，如果一个男人整天计较：昨天某位同事在背后说了我坏话，我得报复；前天我女朋友跟我吵架，我很生气，不能原谅……这样的男人，请问能有什么出息？一个没出息的窝囊废或者只会拨动肚皮里那点小算盘珠子的弄堂小瘪三，值得你为他付出、奉他为大爷吗？

三、学识渊博。他不一定非得是教授、博士、博士后。这里指的"学识"并不局限于专业领域。撇开那些名校的金字招牌，"社会大学"也是一个给人知识与教养的好地方。先天之不足，后天可努力。学识可以是一个人读过的书，走过的路，听过的歌，看过的戏，经历过的故事，伤痛后的沉淀与领悟，也可以是一个人平时收集到的丰富信息，经常思考后的所得……简言之，他必须能"有得聊"。一个在你面前几小时，只能干巴巴地聊同一话题的男人，很难具备成为"大男子"的潜质。因为他太"空"，一个内心空洞的男人很难吸引女人，更别说让女人臣服于他。

四、为人谦和而低调。当你张开双臂放肆咆哮，别人很容易对你一览无余。而当你收起戾气静默微笑，旁人就无法看透你。你在想什么？你想干什么？充满神秘感的男人才最易吸引人。只有把不平常当成平常才是真正的富有者。一个不懂得低调内敛的男人，只是个有欠成熟、还没长大的孩子，你无须关注这样的人。

五、肩膀宽厚。这里指的"宽厚"，并非雄壮的肌肉或肥肉。它是一个象征性的形容词。一个男人的肩膀足够宽厚，才能承担得起女人所有的重量。当你开心的时候，他可以抱起你旋转；当你发脾气的时候，他可以把你扛上肩头大步流星向前走；当你难过的时候，他可以让你靠在他的肩头，为你擦干眼泪；当你遇到风雨的时候，他可以挺身挡在你面前；当你受别人欺负的时候，尽管他不强壮，也要誓死保护你……能够做到这一切的男人并不一定拥有"大力士"的外表，但他的内心一定是个"大力士"。

六、有责任、敢担当。什么是"责任"？很多人会给它添加各种不同的描述与定义，在我看来它非常简单。一件事，因为喜欢而去做，那是"兴趣"；一件事，做到麻木还在做，那是"习惯"；一件事，做到厌烦还在做，那才叫"责任"。责任是一个男人的脊梁，是男人顶天立地的支柱。而"担当"就更为简单了：说到的事要做到，做错的事要承担。当然，这些事说起来容易，做起来可就没那么简单。能够做到这一条的男人，你就算豁出一切也要绑住他，无论他去哪儿你都跟他走！

七、尊重女人。对女人呼来换去颐指气使的男人，其实内心非常脆弱。他们必须以这种方式来突显自己的地位与存在感。实际上，越要求有存在感的男人，越是社会中浮游的受气包；越想表现自己地位的男人，在生活、工作中必定他什么都不是。"大男子"也许偶尔会跟你生气，会大声教训你，那是因为你所做的事触犯了他的底线，或他认为你目前做的事会伤害到你自己。说白了，那一切也只是因为爱你，绝不是为他自己在寻找存在感。

八、疼惜女人。疼爱与珍惜，是两人相处中最重要的部分。女人天生看起来比男人弱小，因而多享受一点男人的爱护也没什么。"大男子"会理所当然这么想，而不会跟你斤斤计较，他不会说：今天吃饭点了你爱吃的菜，却没点我爱吃的菜；今天我接送你上下班，为什么你回家不给我做饭……"大男子"对待女人的方式是：你的事，就是我的事。你家人的事，也是我的事。所有你希望我做的事，只要你说，我就去做。

九、能够令女人崇拜和仰视。多数女人在潜意识当中都希望能够找到一个可以征服自己的男人。她们骨子里就有"崇拜情结"，需要仰视和依赖某个更为强大的异性。如果你有幸遇到这样完美的"大男子"，还等什么？不爱他，除非你脑子有毛病！而如果你不幸遇上了山寨"大男子"，此时不撤，更待何时？

爱上"大男子"并不可怕，要看你如何识别与应对。

这种男人不要碰（一）

男人身上或多或少都会有些小毛病。有些毛病不足以影响大局，例如抽烟、喝酒、没事爱抠脚、牙膏总能挤得到处都是、走在大街上会偷瞄几眼漂亮姑娘……对于这些，女人的态度最好是能治就治，不能治便睁一眼闭一眼，任它自生自灭。但有些根深蒂固的恶习却事关重大、绝不可饶恕，姑娘们一经发现就该退避三舍。因为它不光会害死他自己，还会害死你。

至少有这样三种恶习会跟男人一辈子：赌、色、暴力。任何男人沾染其中一项，就很难有回头那天。

首先说"赌"。愚蠢的女人以为只有第三者问题才是对自己爱情致命的打击，其实男人根深蒂固的恶习比感情出轨更可怕！男人拥有再多女人，你无非心痛，却死不了。但男人嗜赌，你会跟着他倾家荡产而饿死！不要以为你的隐忍付出，就是伟大，就会成就一段感天动地的佳话，事实上，你不过是做了自己的观众，感动了自己而已。

我身边就有这样一位悲催的女性朋友，她的男友嗜赌成性，跟身边的人借钱，已然把身边的亲朋好友都借了个遍。无数人劝说他们分手，她终觉不舍。不料，在国际足联世界杯期间，他竟借钱赌球，输了将近两百万！要知道此男平日月薪不过一两万，这两百万对他俩来说无异天文数字。终于，落魄的男人要跑路，独留下家中老母与可怜的女友终日以泪洗面。

女人总爱对男人抱有幻想，认为他终究有一天能够改变，事实上，"改造男人"根本是一项不可能完成的任务，尤其对于沾染了某些恶习的男人。"赌瘾"不亚于"毒瘾"，即便再戒，也架不住旁人勾引，所以澳门大桥上经常有人跳桥自杀，这可不是传说，这是比传说可怕得多的事实。嗜赌如命的人除了会害死自己，更会害死身边真心爱他、待他好的人。多数情况下，你以为替他还了这笔债，他就能痛改前非，一心向善，你们俩从此就能好好过日子，但很可惜，"你以为"永远只是"你以为"。

其次便是好色。男人的"好色"分两层：有贼心没贼胆；贼心、贼胆都有，"双贼合璧"。世上多数男人还是属于"有贼心没贼胆"类型。曾有调查显示，超过百分之九十的男人会对自己老婆以外的女人产生幻想，但超过百分之九十的男人也只是停留在"幻想"阶段。对待这样的男人你要张弛有度，套在他头上的"金刚圈"要宜松宜紧，不能永远放任自流，也不能天天念紧箍咒。你要知道"物极必反"，尤其对于心怀鬼胎的男人，你越压制他则越好奇，他越好奇则越反弹。

当然，泱泱大国十三亿人口，哪怕只有百分之十的男人不老实，那数额也是相当可怕的。对待"双贼合璧"的男人，除非你能大度到像迪拜的女人，允许老公三妻四妾；又或者神经大条到像电线杆，对男人的一切小动作浑然不觉；否则你最好不要招惹这样的男人。当然，如果你是"铁索连舟①"，"备胎"储备比他丰厚，那又另当别论了。

本质上，男人的花心还是"动物性"在作祟。男人所有的花心归结到最后不过还是"性"。同这个女人上床，同那个女人上床，实则都是上床，只是他们总爱天真地幻想"这一个会不会更好"，对于这样的男人，你如果没有把握能在床上彻底抓住他，那就最好敬而远之。因为他的好奇心和雄性激素估计能分泌到七八十岁。

当然，比"好色"更直截了当且迅速毙命的就是"暴力"。

"家暴事件"从古至今从未终止。从古代的"打入冷宫"、"浸猪笼"，到现在的直接拳脚相交，都是赤裸裸的"家暴"行为。

家暴未能终止的原因，究其根本，还是我们尚处于父系社会。无论社会再怎么倡导"男女平等"，终究还是有"公平"到达不了的地方。何况女人天生细胳膊细腿儿，跟男人比蛮力，无异是在找死。哪怕女人是跆拳道黑带九段的功力，遇上同样级别的男选手，女人照样也是被KO的命。所以女人千万不要找死，对于拥有前面两类恶习的男人，你或许还能沾一下，但对于有暴力倾向的男人，你千万碰不得，这样的男人已完全无可救药，碰一次就能要了你的命。

暴力也是雄性激素喷发的结果。一个男人言语匮乏、内心虚弱，就不得不用暴力来彰显自己的"男性"特征。而一旦你因此被他"征服"过一次，对他服服帖帖，他便更觉得意，认为"此法有效"。那么当再次有问题发生，等待你的依然会是拳头，且这样的状况一定会越来越频繁。

---

① 铁索连舟：在此指一个人脚踏多条船，比喻"备胎"众多。

不过"暴力"群体中还有一类特殊族群，就是"自虐型"施暴。自虐型选手不会伤害到你，但无疑会令你毛骨悚然，会吓死你。譬如，他会送你一封用自己鲜血书写的情书或半瓶自己的血浆，又或者一吵架他就抽自己，拿脑袋撞墙，更有甚者一闹分手就玩自杀，当着你的面拿刀片割自己的血管……

这样的男人一般拥有四种特质：情绪化；容易走极端；幼稚；脆弱；男人幼稚已经是一个非常令人头疼的问题了，再加上他极端、脆弱、情绪化。亲爱的，相信我，你绝对不是给他当女朋友来了，而是当妈来了。当妈最重要的条件就是：1. 你得永远宠着他；2. 你永远不能离开他。

所以，奉劝想"谈个恋爱看看"的女孩，千万不要去招惹自虐型暴力狂。否则他能在你面前把自己开肠破肚，活活把你逼疯。而对认真恋爱、准备结婚过日子的女人来说，如果你不幸遇到这样的男人，首先判断两点：1. 他贪恋恶习的程度有多深；2. 你能否忍受他的恶习。你要么选择忍受，要么选择离开。

最后再次强调，三种恶习会跟着男人一辈子：赌、色、暴力。女人不要指望男人会轻易做出改变，如果一个人身上的一种恶习已经有三十年，那么改变这种恶习至少也得再花三十年，甚至更长的时间……

所以，女性朋友们还是要擦亮自己的眼睛，寻找属于自己的幸福。

这种男人不要碰（二）

除了上一篇说到的三种绝对不能碰的男人外，还有一些男人也令人十分头疼。因为他们还有一些绝不能姑息的恶习，且一旦沾染，就得花上九牛二虎之力去消化、容忍和改造。别误会，这里所说的"改造"并非你的功劳，不要轻易认为自己有这个实力和魅力去改变男人，能够改变男人的，只有岁月和磨练。只有他们多撞几次南墙，多经历几次生活的苦难或者因为自己的恶习经受几次巨大的打击，他们才能慢慢觉醒……

这些尚有机会改造的恶习包括：

虚荣。

男人可以没钱、没本事，但万不可虚荣！因为虚荣的人，多数愚蠢，他以为自己精心吹出来的肥皂泡，不会有破裂的一天。

而男人的虚荣基本又可分为几个方面：

一、对拥有的女人的攀比。曾有人说，全世界最好的老婆是谁？答：

别人的老婆。"吃着碗里的，望着锅里的"是大多数男人的通病，只是个人因教养和自律，表现程度不一罢了。朋友圈中有一位男士娶到了名模，他平日里眼睛都是看天花板，对各色女子一律目不斜视。人人感叹：娶老婆到底还是要娶漂亮的，老婆足够漂亮、足够出色，男人就满足了，也踏实了。但就是这样一位男士，面对他人的赞慕与夸赞，只淡定地说了一句：男人没有谁是能受得了诱惑的，如果诱惑不到，只能说明诱惑不够大。或许这就能很好地解释为什么有些富家子弟、导演娶了著名女星，却还要出去胡搞了，因为摆在他们面前的诱惑真的非常大。

男人的虚荣一旦停留在女性层面，那么隔三差五出个轨、在外采两朵野花对他们来说，便是家常便饭。作为他们身边的女人，你们的出路只有一条：优秀与大度。优秀再优秀，自己要经得起被比较；大度再大度，你咬断牙根也要去包容，那么你才有可能将他永远留在身边。

二、对金钱与社会地位的攀比。不光女人在外面拿自己的男人与他人的去做比较，男人其实也在外面将自己的女人进行比较。朋友圈、同事间、亲戚邻里……你家房子多大？你月薪多少？为什么这厮比我晚进公司，却比我升职升得快……男人的攀比无处不在，因此，他们的压力也无处不在。同事间喝个喜酒，人家出两千，我就不能出一千八；人家手机用iphone，我用中兴就有点丢人……

但这种层面的攀比，可谓有危机，也有生机。男人在这方面的虚荣心如果运用得当，那就会成为他奋斗的动力；如果运用不得法，那就成了打肿脸充胖子。自己明明只有吃苦瓜的能力，在外却非要学人啃鲍鱼，回家就只好连累家人一起吃泡面了。

对于这样的男人，女人要学会引导与鼓励，尽量莫去打击。当然这里

的"鼓励"并非鼓励他继续打肿脸充胖子、做没必要的攀比,而是要告诉他"你很棒!我相信只要踏实努力,你有一天可以比所有人都棒!"女人的赞美与鼓励同样可以在某方面满足他的虚荣心,激发他的雄性激素。如此,男人才会脑门儿一热挺起胸膛为你去奋斗,而不是将时间和精力浪费在无意义的同类攀比上。你要让他知道,跟同类比较,只能越比越低;往高了去比较,才有可能超越他人,创造出奇迹。

三、过分讲求哥们儿义气。可能有人会疑惑:不能吧,这讲义气也算恶习?单纯看"讲义气"这三个字,当然是值得夸赞的。可超出了正常范围的"哥们儿义气"就不敢恭维。譬如,男人的家中上有老下有小,哥们儿一个电话他就能半夜冲出去替哥们儿干架;自己兜里明明没几个钱,遇到兄弟们吃饭买单却非要抢到打起来;哥们儿开口向自己借钱,砸锅卖铁也得凑齐了给他……这样的"哥们儿义气"几乎等同攀比心理,非要显示自己的能耐,同样也是打肿脸充胖子。

曾有粉丝向我求助说,自己的男友,重哥们儿义气重得非常离谱,他每次跟哥们儿出去,花钱都是大手大脚的,非要处处抢着买单。其中最大的问题在于她男友根本没钱,还成天跟她借钱去给自己充门面,借她的钱给她去买礼物。

这种花女人钱去给女人买礼物的做法,就好像我拿了你的手表,借你看一眼,然后放进了自己口袋。对于这种蠢成这样了还死要面子的男人,你想要拯救他确实希望渺茫。不过这样的情况多数还是发生在毛头小伙儿、愣头青身上,男人成熟后,这类情况会自然减少,尤其是男人有家室以后,会觉得自己凡事还是"量力而为"较好。

讨论完"虚荣",我们来看看男人的另一类恶习:贱。

　　男人的"贱"同样也分两个层面：

　　一、嘴贱。嘴贱的男人通常心不坏，但十分讨人嫌。他动不动就打击你两句，挑剔鄙视你一番，即便他身为男友也不知道自己应该有所收敛。曾有姑娘就遇上过这样的男人。那个男人成天不是嫌弃她长得不好、身材不佳，就是嫌弃她出身不好、学历不高，甚至还口无遮拦称赞别人的女朋友好，说娶上那样的姑娘才幸福。女孩实在忍受不了他的挑剔就发脾气，他便一瞪眼，说："拿你当自己媳妇儿我才能这么说的。"

　　对待这样的男人，你可以漠视，也可以回击。原则上，每个男人都有机会娶英国女王，但你要让他知道"事实上"的他到底配不配。你可以回击他，不用害怕他受不了，多数嘴贱的男人皮都厚，不见得怕打击。当然如果他因为下不来台而怒发冲冠，你正好可以教育他，让他知道什么叫"己所不欲，勿施于人"。

　　二、心贱。心里贱的男人，俗称"渣男"，几乎没有拯救的可能。这类男人底线低落到尘埃里，牛皮却能吹到天上去。口头上是"保尔·柯察金"，行动上却是胡同里流窜的地痞。

　　遇上这样的男人，你也不必太慌张或伤心。要知道，女人的智慧来自"渣男"的锤炼，男人的无耻来自女人的纵容。贱男堪比小偷，偷一次没被抓住是侥幸，偷个三五七八次仍无恙，就以为自己神功盖世，可独步江湖。那么，对于女性朋友来说，遇上这样的小偷该怎么处理？你应该：避而远之，免受伤害；公诸于众，揭露真相，尽可能让多的人知道他的真面目，以免其祸害更多的人；塑造好自己，重新出发，寻找真正属于自己的幸福。

　　女人可以爱男人，但不要依赖男人。无论是在物质上还是在情感上，女人都要争取独立自主。尤其现在的男人犹如市场上的苹果，虫蛀在芯里的真没法看出来，因此凡事你要多长个心眼。记住：没有取代不了的男人，只有不可替代的事业。有魅力的女人能吸引男人前赴后继，事业，便是女人的姿色，是女人的魅力和主心骨。

男人的最后一项恶习：幼稚。

"幼稚"严格来说，不能算男人的"恶习"，而是男人的通病。男人的成熟期通常都比女人晚，前后差距大约是女孩已经开始学化妆的时候，男孩的心态还停留在穿开裆裤的年代。现在的孩子，父母多数疼爱过度，个个骄纵任性、以自我为中心者居多，遇上不顺心的，脾气说来就来，谁的面子也不给。因此，现下有很多男人也很任性，很幼稚。

如果说前面两种"恶习"女人还稍微能有些应对之法，那么碰上"幼稚"，女人就完全束手无策了。能够改变人的"幼稚"的，只有岁月和苦难，要么等他足够老，要么等他饱经风霜，穷人的孩子早当家，听过没？

所以，对于幼稚的男人，女人只有两种选择：甩了他，令他极速成长；慢慢陪他熬到成熟那天。选哪种，全看你内心有多强大，看你经不经得起打击，看你有没有毅力，以及看你能够经受起多久的打击……

女人的幸福掌握在自己手中，要擦亮眼睛大胆前行。

"剩女"遇上"小鲜肉"

    时下最流行的恋爱模式之一，是姐弟恋——"剩女"遇上"小鲜肉"。无数所谓的婚恋专家都鼓吹"既然男人可以找比自己小的女人，女人为什么不可以找比自己小的男人呢？姐弟恋的幸福指数更高"……尤其当传出"谢霆锋和王菲复合"的消息之后，无数人惊呼：我们又相信爱情了！

    我并不反对姐弟恋，但对于姐弟恋也得具体情况具体分析，并不能一竿子打死一船人，也不能一竿子挑起一船人。综合下来，姐弟恋一般分以下几种情况：

    小伙子情窦初开，恋上比自己大的女生。这种情况最为普遍。男孩在青春期的懵懂与激素勃发的双重作用下，几乎每个人都经历过对年长异性充满向往的时候。这很正常，亦不分对错，不是谁的责任。因为我们对成人的世界充满好奇，所以总觉得先我们一步"成人"的异性具有特殊的魅力。实则，那或许并不是属于"她"的魅力，而是我们幻想中"成人世界"的魅力。换句话说,这个时候的小男生们喜欢的并不是他们面前的那位姐姐,而是他们心中自己描画的一个美丽剪影。譬如,小男生最爱自己风华正茂的美丽女老师,或者最爱已然步入更高一级学校的邻家大姐姐……

这个时期人的情感最青涩,也最可爱。但可爱,并不代表有结果。青春期的憧憬好比盛放的鲜花,娇艳欲滴。但盛放过后,必然会凋零。所以,对于小男孩来说"享受现在"是最好的方式。青春期的爱恋,不是为了让你"懂爱",而是让你强壮胳膊腿儿,投入日后的爱情战场。而对于被小男生恋上的姐姐或阿姨,也不必太困扰,也不必太当真。异性的仰慕证明了你的魅力,但你如果相信"小小异性"的仰慕可以永恒,那你就是傻瓜。青春期的爱恋来得快、去得也快,一场球赛或一个游戏都有可能令他改变对你的专注。"小盆友"的爱情是浮游生物,一不小心漂去何处他们自己也不知道。

有时会有"剩女"恋上"小鲜肉"。"剩女"之所以容易受到"小鲜肉"的吸引,原因较为复杂,有很多点综合起来就会让"剩女"恋上"小鲜肉"。

当"剩女"开始着急的时候。我经常对所有的姑娘们说,不要着急,人一着急就容易做错事,情急之下的决定可能会让你后悔一辈子。"剩女们"往往会受到来自家庭、亲朋好友、同事等全方位的压力。你走到外面逢人就催你,问你结婚了吗?你怎么还不结婚?差不多行了,别太挑剔了;你在家吃口饭的时间都会看到父母在长吁短叹,看到他们忧心忡忡;你会看到好事者的神色诡异,她们看到你就好似看到奇葩的外星人一样。在这样的环境压力下,女人难免着急。一着急女人便容易觉得抓到篮里的都是菜，凑巧这时候出现一个对自己百般殷勤、疯狂追求的"小鲜肉"，自己自然会把持不住。

也有女人曾经经历沧海桑田，受伤太重，看过太多油头粉面的社会渣男，因此转为喜欢"小鲜肉"。女人那颗已经灰暗的心认为"世上没有好男人"的时候，身边突然冒出来个干干净净、粉粉嫩嫩的"小鲜肉"，女人便会顿时觉得"物以稀为贵"。"小鲜肉"确实通常受到社会污染较少、眼神干净、心底清澈，表达自己的想法与爱意的时候都非常直接。哪怕是说句甜言蜜语，他在你面前那透明闪亮的眼神，也会让他显得特别真诚。他们那种半天真、半认真的真诚，最能打动人。

有时女人的矛盾心理造就矛盾需求。很多女性因为长期参与社会竞争，并且身边缺乏可以依靠的人，因而养成了强势的个性，但她心里偏偏住了一个小女生。她既想令自己强势、出色，又想被男人呵护，捧在掌心，两手都要抓，两手都要硬。而"小鲜肉"恰好吻合了她们这一矛盾的需求。涉世未深的毛头小伙子们通常对自己恋上的大姐姐带有深深的崇拜和敬意，他们很乐意听她们的意见，服从她们的管束，而当大姐姐生活中需要人照顾时，他们又正好有大把的时间鞍前马后。

通常我给予这种类型的"剩女"的意见是：千万别装嫩，千万别犯浑，更不能既装嫩、又犯浑。别以为真爱可以超越年龄，那都是翘着二郎腿的"砖家"的扯淡言论！女人不知道什么样的人适合自己是最可悲的。粉丝中曾有：二十八岁的女孩与十九岁的男孩儿谈恋爱，为了迎合他，女孩居然还去"哈韩"；更有十八岁的男生恋上比他大十五岁的阿姨，那位阿姨还离过婚，两人居然也能其乐融融地考虑"未来"……

对于这样的恋情，我只能说，没有哪个女人会将自己最后的青春，赌

在一个小她十五岁的男人身上。如果有，那她也应该是个内心非常坚定强大，十分知道自己需要什么的女人，而不是做着公主梦的白痴。男孩情窦初开时，他觉得玩玩就好，过一阵儿他自己都腻了，跟一个可以称为阿姨的女人过一辈子，我真不能相信，你自己信吗？

当然，并不是所有的阿姨和"侄儿"都不能修成正果。这里边还有一类特殊族群：女王恋上帅哥。所谓"女王"，顾名思义，一定是拥有极高的权利、地位与经济实力的女人。这样的女人与普通"剩女"的本质区别就是：她们有足够的实力供养自己享受爱情与梦想，她们也非常知道"自己在做什么"。

很多人会说，掺杂了金钱的爱情会变质。其实不然，爱情与梦想一样需要保持它们的纯洁性，所以它们都需要"供养"，而能够"供养"它们的无疑就是金钱。当你手中握有足够你吃上三辈子的资产时，你自然不需要为了柴米油盐而犯愁。男人有钱，他自己花；男人没钱，你可以养他。当女人具备了这样的实力，在选择男人的时候还需要考虑什么条件？唯"爱情"而已。

"我跟他在一起开心、快乐，他的呵护与疼爱让我回到了小女生时代"——这就是女王要的爱情。六十三岁的婚纱女王Vera Wang"迎娶"二十七岁花样滑冰冠军Evan Lysacek，这就是"女王爱情"的典型代表。

对于这类"女王式"的姐弟恋，我等只能尊重，无可褒贬。因为我们不是女王，无法对女王的生活"感同身受"。

当然，这个世界毕竟还是女王少，女孩多。普通人家的姐弟恋有没有好结果，关键还是取决于自己的心态。一句话就是：姑娘别指望"弟弟"像"哥哥"一样对你，男孩别指望"姐姐"像"妈妈"一样对你。

提升"被爱指数"，搞定优质大叔

很多人认为"大叔"会喜欢"小萝莉"，其实不对。对于外冷内热型的优质大叔，过于稚嫩的小女生，未必能俘获他的心。优质大叔需要"萝莉"，但并非是那些简单到没头脑的"萝莉"。优质大叔真正喜欢的是"天山童姥"，即有一张无邪的脸蛋，有诱人的智慧与小心机的女人。在此所讲的"优质大叔"，是指那些自身条件较好的、年龄较长些的男人。

三招独门秘笈教你打败优质大叔，彻底俘获他的心。

第一招：反其道而行之。

别看优质大叔外表很酷，但多数外表越冷酷的男人，内心越柔软。他之所以耍酷，可能有两种原因，一是本身不善言辞，二是对人有防备心。无论哪种原因，都导致他寡言少语，拉开了你跟他之间的距离。要解决这种现状，就得反其道而行之。

想要走进他们的心里，你就要想办法。他沉默，你就想法制造话题；他板着脸，你就要经常笑；他深沉，你就纯情烂漫，很傻很天真。当然，这里的"傻"不是真傻，而是装傻。你在接近他的过程中要迅速摸清他的口味、喜好，这样才能制造他感兴趣的话题。你选择谈论的话题一定要轻松，切忌一开始就玩深沉。如果你认为优质大叔喜欢严肃而深刻的探讨，那你就死定了！到了"大叔"级别的人，能没几分阅历？你越强调自己见多识广，他越觉得你复杂，或者他认为你根本是来找他PK的，不是谈恋爱的。跟他谈话时你的笑容一定要灿烂。对任何事物，只要是他带你领略的，哪怕你比他更精通，都要保持兴奋、欢快和新鲜感。越是不爱笑的人，其实他越渴望拥有笑容。甜美笑容，是让优质大叔沉沦的最大武器。

当你做了以上这些之后，他基本就被你吸引无误了。这时候就要使出第二招：撒娇、耍赖、脸皮厚。

两个人的相处难免磕磕碰碰，遇到问题的时候，千万不要指望大叔会甜言蜜语来哄你，但是你自己又不想低头，该怎么办呢？这时候就要使出女人的杀手锏——撒娇耍无赖。不要觉得这是贬低了自己的形象，恰恰相反，会撒娇、耍赖的女人是很可爱的。

很多女人在遇到问题的时候，喜欢跟男人硬碰硬，这是很傻的行为。撒娇是女人的特权和优势，更是女性区别于男性的特征之一。遇到问题撅嘴看着他，楚楚可怜地说一句："我就是这样的呀！我就是小女人、爱耍脾气，不行吗？"这时男人的骨头都能被你化掉，何况脾气？

但"撒娇"也是门技术活儿，掌握合适的"度"非常关键。你的撒娇并不是真正的无知女生小脾气，而是经过缜密的摸底考量，知道优质大叔的底线、承受度。在不超越"警戒线"的前提下，你才能像快乐的鱼儿，畅游在爱情的海洋。

两招既出，你们的爱情便有了深厚基础。想"长治久安"，就要使出第三招：听之任之。这不是"放任自流"的意思。而是说，你要尊重优质大叔的个性和为人，不要妄图改变他。

现在的偶像剧荼毒了很多小女生，让她们误以为优质大叔会因为爱上你而从此变成一个风趣幽默、浪漫无比的男人。但事实却不是的，所以，早在选择之前，你就必须学会清醒地认识你所爱的人。

把这三招练好，优质大叔这辈子都逃不出你的手掌心。他再耍酷都是没有用的，因为你早就摸到了他的心，是温热的。

提升恋爱Level，打败"劈腿男"（一）

　　不知从何时开始，"劈腿"这个词儿开始大行其道，身边听到的这种故事简直是遍地开花，愈演愈烈的趋势。当然"劈腿"这词并非男人的专利，也有部分女人"一不小心"湿了鞋的。不过，这里为什么只讨论"劈腿男"，而不讨论"劈腿女"呢？理由很简单，因为我是女人。

　　同为女人，我不能否认确实有部分想要"征服世界、处处留情"的女人存在。但大部分女人还是以幻想爱情，保守"安定"的思想为主，总觉得跟了一个男人，便想能与他一生一世。就像前文中我提到的那样，由雌性激素的主导，致使女性偏重于"身边的人"，偏重于身边的人给的"安全感"。有了"身边的人"，身边的人给了她足够的"安全感"，对女人来说，就足够了。而男人为什么比女人更爱出轨呢？理由也非常简单。男人体内的雄性激素在作祟，导致了他们天生好斗、爱攻城略地，他们就想把自己的"种子"播向全世界。于是，男人顺理成章成了"花心"、"流氓"、"下半身指挥上半身"的"高级动物"。这并不冤枉他们，男人先天的身体与基因构造决定了他们的行为习惯，尽管他们会受到某些传统的束缚，却依旧可以有一颗随时骚动的心。

需要注意的是"十个男人，九个劈腿"，而这九个男人的"劈腿"方式和情况也不尽相同。所以，对于如何对付"劈腿男"，倒要仔细地"个案个办"。

本篇先说说"常规款"！

"打死不承认"款。这种男人通常是"背地里劈腿千百遍，当面待你如初恋"。就算被女人抓到了某些蛛丝马迹甚至于确凿证据，他也能言之凿凿、嘴吐莲花，铆足了劲儿忽悠你，总之就是"没有，不承认，坚决不可能"。

对待这样的男人，就需要女人自己想清楚：一个男人出轨后还"愿意"欺骗你，到底是因为什么。他其实也可以不骗你，直接跟你摊牌，一拍两散。如果他还愿意骗你，那么表示他不愿意失去你或者他想将两条船踩到最后再做决定。不愿意失去的人，表明他还有点良心。而对于脚踩两条船的人，真的是无言以对了。人人都知道纸始终包不住火。天地间也不存在永恒的"秘密"。任何"劈腿"、"地下情"总有曝光于人前的一天。没有一段情感能始终保持"三人行"，除非那两个女人彼此心知肚明，乐于接受。每个劈腿的男人其实都明白这个道理，只是没有事到临头，他们往往选择逃避而已。

而女人如果遇上了这样的男人，首先是问问自己的内心：我还爱不爱这个男人，还想不想争取这个男人？

如果是你真想争取的，那你就不必闹，多闹无益。闹了你也只能是图个一时痛快，之后你还会听到男人的一堆解释、道歉、赌咒发誓。而事实上，你心里非常清楚，他口头认错并没有实际意义。

如果男人劈腿已成事实，并且你还想挽留他，你别无他法，你需要尽快调整自己的心态！女人要克制住自己的怀疑心理。不要任由自己的想象力放飞，不要随意猜忌，把对付"劈腿男"当成一场战役吧。这不光是你和一个男人的战争，更是你和另一个女人的战争。用你的心机和智慧去战胜她，用各种各样的办法让男人发现你的好。请注意我这里强调的是"你的好"，而不是"你对他好"。女人的魅力，应该是除了洗衣、做饭、放洗澡水、生孩子之外其他的"吸引力"，应该是女人内在精神或者身体交流层面上的吸引力。当然如果你已然不想争取他，对他彻底死心，那就更好办了。你只需找到撤退的办法。你可以选择"文艺派分手"——收拾行囊，骄傲上路，对他说一句：我什么都不要，我不欠你的，而你欠我的，这辈子你都还不清。这种方法的好处是保住了你的自尊和人前的骄傲。至于伤口嘛，你只能一个人慢慢舔舐。你还可以选择"撕破脸皮大闹一场"的办法。原因很简单，丢了男人可以，投进去的钱总得拿回来一点，绝不能人财两空！女人在这个时候千万不要觉得有啥不好意思的，女人的青春也是成本，成本的投入与产出不成比例，从及时止损的角度来看，女人也总得拿回来一些。

"劈腿男"还有"一夜风流"款。

在诱惑面前，男人很少有完全能够把持住自己的。尤其男人常年在外打拼，三教九流各种场合出入，难免遇到不少诱惑。就算出差住个宾馆，说不定就能遇上有人发传单、塞纸条呢，碰上那些主动送上门的诱惑，还真不见得有多少男人能如柳下惠般坐怀不乱、全身而退。

曾经有一位粉丝向我诉苦：我和男朋友相处了两年多，没有发生过性关系，期间他有要求，但我拒绝了，他也没强求。可是前两天我发现他跟别的女人发生了一夜情。他恳求我原谅，并一再表示他对我的感情是真的。可是我真的好伤心！不知道该不该原谅他……

说实话，对于这样的男人，本人还是奉劝姑娘们尽量原谅。

我们必须接受这样一个现实，女人跟男人上床，一定是因为爱；但男人跟女人上床，不一定需要爱。所以女人会把身体出轨看成大事，而男人却认为那只是生理需要。这个"现实"确实不怎么美好，但我们也不得不接受。

所以对付这样的"劈腿男"，就要协调两人之间的"理念冲突"。具体来说，就是要让男人明白身体出轨对女人的伤害有多大，让男人自己提出改过和补偿的方案。如果他能接受，就给他一次改过的机会；如果不接受，就可以让他直接离开。如果他真的爱你，你总能得到你想要的补偿和结果。当然，这事还要看效果。要求男人"说得出，就要做得到"，所谓的补偿和改过不能只是嘴上说说，必须是能转化成"实际行动"的方案。一旦方案立定，就必须执行，不掉链子，不打折扣。

所以一定要记得，调教男人有时候跟调教baby、调教狗狗是一个意思。你让他知道犯错是要受到惩罚的，只有记得住惩罚，他就不敢再犯了。即便他想再犯，也得掂量掂量后果。

"劈腿男"的另外一种"坦诚相告"款。

说实话，常规款中最令人头痛的就是这一款。通常我们会认为，只要自己能说出来就代表没事，又或者事情已然过去，他已自知罪过、决心改变。但事实上，这个类型的"劈腿男"属于常规款中的"伪装者"。也就是说，尽管男人们诚意满满、发誓会痛改前非与"劈腿对象"断个干净，但在现实中，姑娘们还是要视情节而定。姑娘们要去看他究竟有没有可能改过自新，要去看自己有没有足够的心理承受能力能接受他浪子回头。之所以说这种类型是"最令人头痛"的一款，是因为"打死不承认"款还为你保留了几分面子，还勉强给了你自我欺骗与自我安慰的借口。而"坦承相告"的这类人，一旦他和盘托出，一切虚无的事情便都坐实了，你连选择逃避的机会都没有。这显然是相当残酷的，万一他的"劈腿史"还是一副史书长卷，而非"一夜风流"似的短、平、快，不是心理强大到一定程度的女人，通常应对不来。

对于应对不来的女性，在此我们无须多做讨论。我们需要说的是那些想要应对且想要原谅男人的女人们。想要原谅这种男人的女人们，不外乎真的爱这个男人或者真的自己内心非常强大。否则，少了哪一方面，都只能是让自己痛苦。

如果你仅仅是因为爱他而想原谅他，那么此时你的原谅并非真正的原谅。因为你心里其实非常在意且依赖他，他的出轨已经给你的心灵造成了严重的创伤，你对他已经很难再有之前的信任感。如此一来，即使你原谅他了，你势必会以其他各种各样的方式来发泄和转嫁你的痛苦，结果就会弄得两个人都很累、都很受伤。

而如果你仅仅是因为心理强大而想原谅他，却对他不够深爱，那么结果更加可想而知。你必定会把他从此当成儿子或者犯人来管教，那么他的叛逃也就不远了。

如果你既深爱他，又凑巧有强大的心理，而且想原谅他，那么你还需解决一个心理问题：你的痛苦需要找到一个合适的途径去发泄，并且不要在意他人的观点——认为这样的男人就是坏男人。你要告诉自己：男人没有好坏之分，只有你爱或不爱之分。记住：除了法律之外，对错皆没有唯一的标准，一切只在你心里。爱或不爱，接受还是离开，信任或者怀疑，只要你过得了心里那道坎，再大的事都是小事。反之，你若过不了自己那一关，再小的事，也会变成大事……

对于以上三款常规款"劈腿男"，虽说女人对付起来也是需要费一番心思，但总算还是有救，并非死结。归根结底，遇事还需要我们随机应变，多问问自己的内心，有时候，"心灵"才是人类最好的导师。

提升恋爱Level，打败"劈腿男"（二）

说完了"劈腿男"当中的常规款，接下来自然就该聊聊"特殊款"。既然被称为"特殊款"，必然需"个案个办"。生活中可能会遇到相似的人与事，但具体该如何对待，还需姑娘们触类旁通，灵活应对。

特殊款第一类："莫名消失"款。

顾名思义，男人莫名其妙就消失，电话不接，信息不回，哪儿都找不到人。更有甚者，即便找到了人，还对你恶语相向甚至拳脚相加，不必惊叹，也不必怀疑，生活中就是有这样的人。

一位粉丝（姑且称她为A小姐吧），她在向我求助时亲述了她的经历："我跟他属于一见钟情型。他高高瘦瘦的，很白，又帅，他的工作和收入都不错。我长得也算不错。我们交往了两个月，他对我非常好，每天想办法逗我开心，带我去没去过的地方。跟他在一起的每一天都充满了新鲜和感动。我觉得自己遇到了对的人，一心一意想跟他走下去。可就在一星期前，他突然消失了。打他电话也不接，发短信、发微信通通都不回复，每次去他家也总是吃闭门羹（我不知道他是不是在里边，只是不想开门）。终于，我费尽了千心万苦找到他，却发现他劈腿了，他已经跟另一个女人在一起了。我好伤心，质问他为什么，他不但不道歉忏悔，反而还用尽所有恶毒的语言伤害我，骂我纠缠他，甚至威胁要对我动手！这是为什么？为什么他可以突然变成这样？我到底做错了什么？我不甘心，觉得自己好贱，甚至到了这样的地步，都还在幻想他会回头来找我……"

事实上，本人听过、看过的现实案例不胜枚举。比起这个还有更狗血的：有奇葩男以身患绝症、不想连累爱人为借口突然离去，几年后才被可怜的痴情女子找到，却发现他早已和别的女人生儿育女。还有无耻暴力渣男，因为女方不愿放手、执意想讨个说法，而对女人拳打脚踢，致使女人进医院躺了一个星期……这些一个个赤裸裸、血淋淋的案例让我们不禁惊叹：男人果然没有"最渣"，只有"更渣"！

但是一旦遇到了这种男人，该怎么对付呢？我们先来看看A小姐在她的案例中犯了哪些错误吧：

不甘心。

分手后，被抛弃的一方总是不愿放手，总是容易傻傻地期待奇迹，期待对方回头，她们把这叫做"爱"。她们给出的理由千篇一律：我爱他，我真的想跟他走下去。但是请问一句：他想不想跟你走下去呢？一个人的爱情不叫爱情，充其量只是"单相思、独角戏、自己骗自己"。

总问"为什么"。

我常常强调，这个世界每天都有亿万件事情发生，不是每件事情都需要理由。你能问父母为什么要生下你吗？你能问为什么你长了两只眼睛、一个鼻子、一张嘴吗？走在街边突然被疯狗咬了一口，你能问为什么吗？女人要想明白一点：你问的这个"为什么"，需要的是别人来回答。因此，主动权掌握在他人手中，别人高兴就回答，不高兴就不回答。当别人显然已经拒绝解释又或者根本无法解释时，你却偏偏还执着地追问这个答案，究竟有何意义？当然有人会说：我只要知道了答案，知道了他是怎么样的人、他怎么想的，我就死心了。可是他明明已经用实际行动向你证明，让你看到了"他是怎样的人"，你却还要追究那不知真假的只言片语，岂非自取其辱？

爱幻想。

能犯以上两种错误的女孩儿，基本也会犯第三种。因为"不甘心"，必然幻想他会回头，爱问"为什么"的人，必定脑中早已幻想了各种版本的故事情节。甚至，不管他究竟对你好不好，你都会因为现在的"失去"而夸大了他过去对你的"好"。所以，姐妹们，"以人为镜可以明得失"。我们在他人犯的错误中，能够获得的是自己的成长。看到了A小姐的失误，我们便能够总结出属于自己的正确的做法。

女人要学会放手，学会"甘心"。我们常常爱说"有缘无分"，事实上，既然错过了，就已是无缘。本不属于你的缘分，何必还苦苦执着？少花一分钟纠结过往，你便多了一分钟寻觅新的幸福。也许就在你花力气拽着过去的"烂猪尾巴"痛哭流涕的时候，王子正骑着高头骏马从你身边经过呢！

女人要学会不问为什么。女人追问原因的理由不是对过去的"总结陈词"，而是自己给自己下的套儿。越追究越想不通，越得不到原因，自己越不甘心。事实上，只要别人给你的答案不是你想要的答案，你一样会想不通，你照旧会痛苦纠结。与其如此，何不尽快放手，轻松上路呢？不要指望每个人都有始有终，他已不爱你，你却希望自己勉强留在他身边，岂不是把自己往火坑里推？自爱，才是女人获取幸福的唯一途径。

女人要学会终结自己的幻想。遇见一个人，哪怕他再好，哪怕他把自己粉饰得跟朵玫瑰花似的，你也先看看清楚他到底是不是小号的月季花乔装的。一句话：日久见人心。任何一个伪装高手都经不住时间的考验，只要你细心观察，多思考，你就能把他看穿。不要急着幻想你们俩的一辈子，把目标设定为"过好今天"，过好每一天，只有把每一个今天过好了，未来就在你手中。

特殊款第二类："理直气壮、谎话连篇"款。

这类"奇葩男"与"常规款"的区别在于："常规款"被女人发现劈腿他总会心虚，总会知错，总是悔不当初、赌咒发誓要悔改；而这款"劈腿男"却不然，他们始终气定神闲，用各种谎话编织他的理由和借口，力证自己"没有错"，然后继续长期劈腿。当然他们的谎话也是各有各的套路。

给大家分析几个真实的案例：B小姐跟男友相恋两年。当初他追求她的时候，百般花言巧语表忠心、言之凿凿地证清白。不料，当B小姐答应做他女朋友之后，却发现那个男人居然在外地还有一个女朋友！他的谎言被戳穿后，他指天发誓"他跟那个女人不可能"，说只有B小姐才是他要与之共度一生的人。B小姐被他的谎话所迷惑，继续痴心等待。等来的竟是这个男人长期名正言顺地脚踩两条船。每每"那个女人"前来找他，他只需交代一句，就大摇大摆地离开B小姐去跟另外一个女人私会。甚至于当东窗事发，那个女人出现在B小姐和这个男人面前时，此男竟当着B小姐的面发誓"一点不爱B小姐，只爱那个女人"！两年间，B小姐也曾多次提出分手，可是每每他都能找上门来苦苦哀求，各种情话、哀求一大堆。而傻傻的B小姐竟能每次都心软，因为他的各种哀求选择继续待在他身边。就连他说出了"不爱她"，他也能令B小姐相信"尽管我现在对你还谈不上爱，可是我对你是真的有感情的！我跟她是不可能结婚的，将来能跟我过一辈子的人，还是你"……

比B小姐的遭遇更奇葩的还有C小姐。她与男友在一起七年，但男友在与她相恋的第二年便劈腿了，男人为了另一个女人甩了她。C小姐无怨无悔，等他回头。她终于等到男友回头，可就在复合后不久，她的男友竟又一次出轨了。她继续选择原谅，以为包容和爱心总能换来一个男人的真心。岂料她的男友非但不知感恩，还更理所当然地长期踩起了两条船！直到最后，她的男友得了慢性肾衰。她不仅信守"你不离，我不弃"的承诺，甚至还天真的以为"都到这份儿上了，总没有人跟我抢了吧"。结果却还是令人大跌眼镜，就在他们谈婚论嫁的日子里，他又一次跟其他女人走了！临走时他还撂下一句"放过我吧"……就这样，C小姐与他的男友纠缠了七年。

以上这两位姑娘的遭遇确实十分不幸。但"不幸"的背后，却还是自身的原因。对于B小姐和C小姐，她们需要更多的或许不是劝慰，而是有个人来骂醒她们。人必先自辱，而后人辱之。一个人若非先做"低"自己，别人就无法作贱你。换句话说，靠降低底线、委曲求全换来的男人，不可能带给你幸福，只能是你的耻辱！

所以，对于遇上这类"劈腿男"的女孩们，我能给你们的不是劝慰和同情，而是耳光。这类男人是渣是贱，可是"一个巴掌拍不响"，你不任他欲取欲求，他又怎敢在你的世界里来去自由？何况"冰冻三尺非一日之寒"，一个男人能够长期消费你的爱，作贱你的尊严，那必定不是他一个人的错。因为他是在你磨磨唧唧、剪不断理还乱的默许下，才能得到的作贱你的机会！男人再贱再坏，也要你给他机会近身，近不了你的身的男人，如何能够伤害得了你？

所以女同学们，要对付这类"劈腿男"，除了"反求诸己"向自己开刀外，并无其他更好的办法。这类渣男就像长在你身上的一颗毒瘤，是你用你自己的气血和养分培育了它。祛除它的办法只有一个：切！切掉自己的烂肉，割掉自己的死皮。别怕疼，疼痛在所难免，但是你只有熬过这一关，你才能真正地好起来，健健康康地迎接新生活。否则，你若长期拖下去，最后只会落到个"癌症晚期、药石无灵"的下场。记住老祖宗的古训：自作孽者，不可活！

特殊款第三类："我把你当亲人"款。

这类"劈腿男"可以说是所有款型中最贱、最招人烦的一类。很多人可能会不解，看了以上那么多案例，这做成了亲人的总还有情分在的吧？所谓"买卖不成仁义在，恋爱不成情犹在"，大家会觉得这类男人应该不至于那么糟糕吧？

在这里我要强调：你们错了！请不要忽略了我们聊的主题"劈腿男"，也就是说，他在"变成亲人"之前，他早就已经劈腿了。在他劈完腿之后，他还来惺惺作态摆出一副无辜嘴脸说"我对你已经没有感觉了，我现在只把你当成我的亲人"。这样的男人，难道不比所有的渣男更可恶吗？其他各种款型的"劈腿男"至少还没为自己披上一张皮，而这类"亲人款"渣男便是典型的"又想当婊子，又想立牌坊"！

曾有粉丝D小姐向我痛诉："我跟男朋友恋爱三年。就在最近这段时间，我才突然发现其中有两年，他都一直在跟另一个女人劈腿。我觉得自己都要疯了！就找他理论，他却说他早就对我没有感觉了，始终跟我在一起只是因为把我当成他的姐姐。而且，他希望我还能继续做他的姐姐……我现在完全凌乱了，好痛苦！我到底该怎么办？"

面对这样的男人，我也只能说：十八般武艺他不学，偏偏学人耍"剑（贱）"！通常贱人都不在我们"礼貌对待"的范围之列，因此不必顾虑，无须思考什么"更好的"办法。要知道，"贱人"只配被人拿来当球踢，不配我们为他痛苦纠结。如果你不幸遇上，要么狠狠甩他一耳光；要么赶紧撒开大脚开出一脚好球，让他有多远滚多远吧！

细心的朋友肯定能够发现，本人在如何对付常规款"劈腿男"当中还会提到一些如何留住他的方法，但在特殊款中却一次都没有提到，理由很简单，因为常规款"劈腿男"还能知道些许廉耻，在他们心里还能隐隐有"劈腿是没有道德、没有责任感"的意识。因此，如果有女生执意要犯傻、想冒险，倒也由她去罢！但在特殊款当中，我们不难发现，所有这些男人全是没脸没皮、没心没肺、没责任没廉耻、没良知没底线的。

当一个人连良知和底线都没有的时候，是非常可怕的。因为他不知道对错，在他的字典里也没有"感恩"，没有"应该"与"不应该"。对这样的男人好，纯属肉包子打狗，狗不会感谢你，因为它觉得你是在用肉包子扔它、欺负它，能够吃到肉包子纯靠自己身手矫捷、技术纯熟。而你付出的一切也会像肉包子一样被他理所应当地吞下肚，有去无回。然后，当你想去捉住这条狗的时候，他却拍拍屁股跑得比贼还快！

面对这样一条无情、无性、无德、无义的"狗"，若你执意挽留，将会造成什么局面？局面就是：即便你痛哭流涕，跪在地上挽留，求他回到你身边，求他选择你，他会对你摇摇尾巴、流着哈喇子说："不好意思，我听不懂你说的人话，我只是一条狗。"如果你不甘心，再追着他闹，就是不愿放手，说不定他还会狗急跳墙狠咬你一口。请问你这是何必呢？

换个心态想，其实我们应该感谢这些渣男！幸亏他们一早露出了真面目，放弃了你，否则你就要傻傻待在这样的烂货身边一辈子！一个男人的档次，取决于他身边的女人。他身边站着的女人是高贵还是低俗，直接反映了他所处的层面、阅历和地位。反之亦然。一个女人的层次高低，同样由她身边的男人决定，你身边站立的是国王，那么你就是毫无疑问的王后，而如果你身边站着的是一条路边的野狗，甚或臭水沟里一条蛆，那么，你又是什么？

无望的生活，永远不要过。无望的男人，扔掉也不可惜。

女人，你要为自己的决定负责

在一个朋友聚会上我遇见了Y小姐。她年方二十二，正是青春绽放，可以肆意挥洒生命的年纪。却不料她整日一脸愁容，仿佛被全世界遗弃一样。她得知我的身份后，抓着我迫不及待地向我倾吐心声。

原来，她爱上了一个大她十八岁的男人。那个男人没房、没车、没存款，还有疾病，可她爱那个男人爱得要死。男人为了不连累她，死活不接受她的爱，并极力躲避与冷淡她，劝她离开。可Y小姐就是一根筋，无可救药地爱上了他，就是要跟他在一起。结果不必说，就是我们现在看到的Y小姐：一张毫无生气的脸，一副与全世界绝缘的样子。

面对这样一个冲动而鲜活的生命，我似乎除了微笑，无话可说。若我打击她，会很残忍；若劝慰她，也不过如夏日凉风般轻抚，没有实际用处；而如果我让她一味在自己的固执和不甘心里沉浸，似乎亦是对她很残忍。

　　爱诚然是没有错的。就像我曾经在自己的小说《不渝》中写到的那样："爱就是爱。它无关规条，无关俗礼……那些我们为它后天附加上去的东西，不是爱……"我们常常说爱可以跨越国度、跨越身高、跨越性别，当然更可以跨越年龄和物质条件，从这个角度来说，爱上任何一个人都是合情、合理的。那么，坚持自己的爱与选择，自然也是无可厚非，甚至于应当受人尊重的。如果我们真的确定自己能够为自己的选择和坚持负责任的话。"为爱奋不顾身"应该是每个女孩年少时的梦想，看着各类言情小说、爱情影视剧长大的我们，多么希望能够得到像电视剧里那般轰轰烈烈的爱情，哪怕是受伤害，哪怕是一味自虐型的付出，在自己眼里都是美丽的。但成长终究要触碰现实，生活毕竟琐碎，我们很难拥有"永恒"与"完美"一说。在岁月的打磨下，我们那些当初单纯的誓言与执着，十年、二十年之后还是否能依旧发烫？

　　所以，对于理想化、浪漫、年轻的我们，享受和挥洒青春是可以的，执着与坚持、追求爱情也是可以的，但不要忘记最重要的一点——为自己的选择负责任。

　　什么叫"责任"？不是一时兴起所做的事，不是麻木中的惯性动作，而是直到厌烦还在坚持的东西，那才叫"责任"。人年少时最容易犯的错误，是把冲动当勇敢，把任性当坚强。当我们喜爱上一样东西或一个人的时候，往往觉得自己可以为了得到他而付出一切。而一旦我们得不到，这份喜爱便会直接飞跃至"罔顾一切、无可救药"的层面。我们就是要证明我们可以！我们就是要证明自己的真心与真情！我们绝不回头。绝无懊悔！我们会想方设法地去寻找原因，询问对方为什么就是不肯相信自己呢？为什么就是不肯给彼此一个机会呢？

其实对方的理由也非常简单，因为，他看到了你不曾看到或被你在潜意识当中"自动屏蔽"的东西。那种东西，叫做"不甘心"。有时，你并非是真正地爱，或者说真正地能负起相关的责任，你只是"不甘心"。当你越得不到时，就越不甘心；越不甘心，越想得到。在这样的情绪控制、感染下，一切现实问题在你的脑中都会变成完全可以克服、不足为道的问题。而事实上呢？你是否真的衡量过自己？你是否确定自己有克服现实与一切困难的能力？你是否确定自己有面对岁月和生活拷打的勇气？当时光流逝、历经生活的磨练数十年之后，你还是否能爱他如一？对方离开，是因为对方看到了其中的责任重大，看到了艰险，看到了不可能，而你却陷入了自己的漩涡当中。

不要小看现实和岁月的力量。它可以把当年迷倒众生的莱昂纳多，变成今天大腹便便、胡子拉渣的平凡大叔，它也可以把当年除尘绝世的女神变成今天满脸皱眉、肚皮上横了几道"游泳圈"的大婶。除此，还有病痛、物质、口角……诸多折磨，谁能确保"爱情"永不变质？

说实话，谁都不能。谁也都"不敢"确保，如果你坚定不移地说"敢"，那么对不起，这就是别人要拒绝你的原因。因为你还太年轻，太年轻，以至于你还不了解生活的波折和岁月的苦痛。

当然，我在这里并非教导大家退缩，在爱情面前你充满了勇气自然是好事，年轻时为了爱情奋力一搏、疯狂一把也属正常。但是你必须要记得：

一个决定，就是一种责任。

不要轻易决定，也不要轻易做出承诺。在你下决定之前，先仔细地多方面、多角度衡量现实，衡量你是否真的坚持你的决定。你要去考虑，如果他变得又老又丑，我还会不会继续爱他？如果与他发生口角，感觉自己无限委屈时，我会不会放弃他？我能否面对生活的压力？一旦生存压力像山体塌方般倾倒而来，我是否愿与他一起扛？甚至于某天，要我一个人挑起所有压力与问题的时候，我能不能做到不抱怨，我还会不会继续留在他身边，爱他如初？

倘若，你在扪心自问、审慎考虑过后，你依旧选择坚持你的决定，那么恭喜你，你有资格得到所有人的祝福。当然你也要清楚地认识到，这份祝福并不那么轻松，恰恰是从此套在你脑袋上的"紧箍咒"。你要时常提醒自己，对自己的决定负责任，不后悔，不让所有人失望。

找"玩儿得起的人"陪你一起玩儿。

这句话并不是教朋友们游戏人间的意思，而是一种"防患于未然"的说法。再坚定的承诺也有可能遇到现实的冲击，再完美的誓言也保不齐有被洪流冲垮的一天。就你个人层面来说，决定是一种责任；从现实角度来说，决定也是你下的一种赌注。因为"未来"不曾来到，所以我们所有的承诺与决定从某种角度来说，都是"空中楼阁"，都是在"看不见、摸不着"的前提下，许下的一份心意罢了。既然是"赌"，必然有输赢。赢了固然是好，但在下注前你要先想清楚，一旦输了，你输不输得起，而他又输不输得起。

Y小姐的故事中，那个男人大她十八岁。她风华正茂，他却已人到中年。她还没看够世间繁华，他却已饱经沧桑、重病缠身。一旦他们真的在一起，她需要面对的就是实实在在的生活，她需要将青春年华消耗于照顾病人、赚钱养家、炉边灶台的枯燥生活中。她在这样的生活面前，坚持一个月、两个月当然不在话下，一年、两年也不成问题，十年、二十年乃至三十年之后呢？她还能坚持吗？她能做到无悔吗？她的生命之花才刚刚绽放，她正走在人生道路的顶端，她有无数种选择的机会。在这个貌美如花的年龄，遇到生活的折磨，她能否经受得起？一旦她逃离，那个男人将如何自处？这对他，是否也太过残忍？所以，女人在下决定之前务必想清楚，对自己负责，也是对爱的人负责。

女人一直在强调和要求男人的责任感，却总是因为自己"天生柔弱"的关系而忘了要求自己。其实女人应该比男人更坚忍、更强韧，才能撑起一个家，才能当一个男人的安全的"大后方"。所以姑娘们，如果你觉得自己是一个有自我、有思想、有独立行为能力的成年人，那么，证明自己的第一步，就是学会为自己所做的一切决定负责任。

他不带你见家长怎么办

很多恋人相处一段时间之后，都常常出现这样的情况：双方相恋不久，一方要带另一方见家长，另一方觉得时机未到，于是俩人闹得不欢而散；又或者双方相恋很久，一方还迟迟不肯带另一方见家长，两人心生芥蒂，各自背地里生闷气……不要以为这样的问题是年轻人的专利，在开始恋情至走向婚姻的路途中，每对情侣都有机会碰到类似的问题。

近日，就有这样一位女粉丝告诉我：她已年过四十，离异多年，现在找了个五十多岁的男友。男方早年丧偶，独自带大两个孩子，十分不容易。恋爱初时，两人惺惺相惜，情投意合，倒也十分甜蜜。但在相处几个月后，女方开始心生不满。原因就在于，女方十分乐于把自己的男友介绍给她的各种亲戚朋友，总想大大方方与他出现在各种场合，而男方却似乎有所回避躲闪。两人相恋至今，男方从未带她结识过他身边的任何朋友，更别提家人了。女方觉得深受委屈，心里大不自在，因此她向我求助。

如我之前所说，其实这种情况在生活中、情侣间并不少见。这样的状况，必定会给恋人的心理造成一定恐慌与不安。每个人骨子里都有"被认可"的需要，"有实无名"的关系真的会让人伤透脑筋。很多人便会产生这样的疑问：我到底算什么？我在他心里是什么样的地位？他到底是不是真的爱我？还想不想跟我走下去？这样的关系能有结果吗？

说实话，我觉得每个人都保有自己的"个人安全距离"。如果一个人突然闯入他的生活，必然会引起他一定程度的紧张与不适应，哪怕这个人是他自己爱的人。从单身走向恋爱，两人经历一定时间的调试与磨合是必需的，尤其在恋爱的初期阶段。

倘若两个人的感情发展顺利，即使经历了波折却依旧能够坚定地选择彼此，那么就应该带你去见一下他的父母（除非他是终身不婚主义者）。这样做的意义在于：它不仅仅是一种形式，能够让他的家人与你彼此接触了解，更重要的是它更代表了一种心理暗示，给恋人双方的暗示，暗示他愿意与你一直走下去。

当然，做出"带对方见家人"这一举动需要时间，每个人因个性不同而需要的时间长短不同，所以不能以一个统一的时间标准来衡量。譬如，冲动型选手，可能在认识对方一个月之后，就能拉着你见家长，也可能闪婚；而理智内敛型或者受过伤害、有一定阅历与经历的人，则会需要很长的时间才能做到完全接纳你，这并不是他不爱你，他只是需要时间来做好自己的心理准备。

那么，究竟有哪种方式才能够判断出，对方究竟是"需要时间接纳你"，还是在玩弄你呢？说实话，这其中并无诀窍，只能是你去用心体会，用你的诚意去与对方沟通。

所谓"用心体会"，即感受他对你的态度，体会细微间的含义与差别。一个人若诚意待你，必定他所做的事情与虚情假意的演绎有所区别。且最重要的一点：一个人如果真爱你，他必定懂得感恩，感恩之余，必定懂得回报。尽管你与他付出的多少与方式可能不尽相同，但他永远不会只是任由你一个人傻傻地付出。

而"用诚意沟通"也不难，其实就是开口说话，你心里想什么，就说什么。两个人之间最忌讳猜来猜去。如果你有意见就说明白，心里不舒服就倾吐，千万不要有"他应该懂"的想法。男人与女人生来思维模式就不同，关注的点也未必一样，所以，对于女人来说，如果你对他迟迟不肯带你见家长这件事心怀不满，记得一定要说出来，无须发脾气，更不必谩骂，你要做的是坦诚地告诉他"家长的认可"对你而言有多重要。然后你再听听他的顾虑或想法，也许他给出的理由你能接受，那么皆大欢喜，也许你觉得他的道理纯属无稽之谈，那么至少你也好为自己早作打算。

当然还有一种情况是，你的爱人一边死活不肯带你见亲友，不肯让他们知道你的存在，一边却总是能够找到一大堆理由、各种甜言蜜语拖延你。那么，我们只能判定：一个男人不肯把你介绍给他的家人，只有一个原因，就是你还不足以让他骄傲。

所以，女性朋友们，擦亮眼睛，若想与他走下去，就要防止他将你隐藏。

如何把握异地恋

分隔两地的恋情当中会产生多少故事、多少眼泪、多少欲说还休的辛酸泪……更何况两人天各一方，你的那个他，在他的那座城市里，到底藏了多少你不知晓甚至于会让你心碎的故事，你能否细述详尽？

我曾写过一句这样的话：如果你会爱上一座城市，一定是因为那座城市里有你爱的人。而异地恋恰恰与之相反，你爱的人在另一座城市，你所生活、工作、为之奋斗的城市里却没有你的爱，你找不到自己在这座城市奋斗的动力和理由。你所承受的痛苦、挫折、屈辱也没有人可以分享，因为他在另一座城市，过着与你完全不同的生活。所谓的"同甘共苦、共同为了未来而奋斗"，好像总是少了些说服力……

这样的日子显然是痛苦的。长此以往，也势必对两人的爱情造成影响。当然，我并非不赞成异地恋，也并不单纯偏激的认为异地恋"不靠谱"。只是，很多时候，异地恋走到最终，确实无外乎三种选择：他过来；你过去；分手。如果他不肯过来你的城市，你也不肯去他所在的城市，那就表示你们还没有爱到那个"份儿"上，当然只好分手。

在爱情当中"有缘"是恋情的"开始"。茫茫人海，偏偏你俩相遇，相知相恋，这确实需要莫大的缘分，也是上天的恩赐。但如果说感情的萌芽需要缘分，那么是否能够开出爱情之花，就需要看双方的经营、努力和珍惜了，这就是所谓的"分"。而大多数异地恋，似乎大家都只是做到了"有缘开始"，却没有尽力珍惜和做到那应该的"分"。

对此，有人可能会表示不服，认为"我已经很努力了呀"，都是"他的问题，是他不好"，我们才会无奈地走向分手。

先不说到底是谁的问题，先来看看"异地恋"最容易产生哪几类问题。

一、出轨问题。

这个问题毫无疑问地成为异地恋当中最高发、最激烈、最具普遍性和争议性的话题。曾遇见过无数粉丝、朋友向我抱怨"他手机又关机了"，"他最近总是对我很冷淡。给他打电话，他常常不接，发信息他也是爱搭不理的"。甚至还有抓到现行的："我发现我男友手机里有跟别人的暧昧短信""他居然跟其他女人上床，还亲口承认了"，等等。虽然具体案例各有不同，但无外乎都指向两个字——出轨。那么，为什么异地恋当中"出轨"的概率就比普通恋情要高呢？

理由非常简单。因为你不在他身边。这四个字并非某些人所想得那么简单，更不代表情欲难熬。"在一起"不是指躺在一张床上，给对方以身体的满足和慰藉，更重要的是心理上"相互依偎"。有人可能会质疑，难道不在同一座城市就不能给对方心灵上的依靠了吗？我必须说，非常有可能。

虽然现代科技已经够发达，你可以通过视频、影像、声音传递给他你的帅气、美丽，表达你的关心与爱，以此证明和强调"你的存在"。但不要忘了，异地恋有一个最大且极易出现的问题就是"他需要的时候，你不一定能够第一时间在他身边"。

譬如，有时他受了委屈、挨了上司的骂，甚至丢了工作，要强的他不愿告诉你，只想一个人承担。这些，你都无从察觉，都会造成两人之间的隔阂。还会出现这种情况：再要强的男人有时也会想在你怀里靠一靠，放松一下紧绷的神经，可惜你不在他身边，对他生活中发生的一切茫然不觉、全无参与感，甚至你还傻乎乎地在他最难过的时候跟他撒娇、耍赖、闹脾气，怪他为什么今天对你不如以前温柔，不如之前关心……

所以，从某种角度来看，虽然"出轨"是不对，但你也很有可能是把他往出轨甚至移情别恋的路上又推了一把的那个人。而他移情别恋的对象，毫无疑问，一定是那个"有事可以第一时间陪在他身边的人"。全世界的出轨或许都是可耻的，但只有这一种"出轨"的原因是值得我们深思的。

二、你来我的城市，还是我去你的城市的问题。

如果不想两个人的结局最终走向落寞的分手，那么异地恋归根结底还是不得不面对一个问题：是选择在一起生活终成眷属，还是选择各自安好。

现如今，很多时候确实因为工作调动的原因出现一些"两地夫妻"、"周末夫妻"，但毕竟还是少数。过日子，终究还是两个人相依为伴比较牢靠。于是，很多异地恋就这样在这个最后也是最关键的时刻分道扬镳。

很多旁观者不禁要问"为什么"？他不来你就去呗，有什么大不了的？但现实恰恰是，当事者就是觉得有很多东西放不下，有很多风险不敢承担。譬如：我在这里有好的工作、好的朋友、千丝万缕的人脉与根基，还有疼我、爱我、年纪迟暮的父母……如果我走了，父母谁照顾？如果去到另一个城市，工作不理想怎么办？如果同事难相处，连个诉苦的朋友都没有怎么办？万一这个时候他还不能对我好，老跟我吵架怎么办？我们能有未来吗？我们的结果会是好的吗？那座城市我会喜欢吗……诸如此类的问题常常困扰着异地恋中的双方。

面对这种情况，人有犹豫纠结的情绪是正常的，也是可以被理解的。脑门儿一热什么都不想，提上行李就走的人未必靠谱。易冲动的人，通常责任感薄弱。因为没有经过深思熟虑的决定，没有将困难和折磨预计充分的人，往往抵挡不了现实的打击，一旦现实不如理想中美满顺意，第一个仓皇出逃的人，必定是他们。

因此，我必须奉劝大家的是，一旦你提出让另一半放弃他已经拥有的一切来你的城市生活，就不要害怕被拒绝；如果遭到拒绝也千万别大呼小叫、发脾气，甚至怀疑"他根本不爱我"。他诚然还是爱你的，只是或许，他爱得不够深罢了。换位思考一下，如果他不愿意来，那你能不能过去呢？当你在要求他为你放弃自己的生活和一切，赌上他全部的未来追随你的时候，你要审视自己，你是否也能为他做到同样的事呢？如果你能，就不要纠结。你就可以买张机票，打点行装，换个地方重新开始。如果你不能，趁早当断则断，因为你根本也没有多爱他。爱情不是算术题，得失不可能如加减乘除般清楚到可预见。如果你还在吝啬与计较着对爱人的付出，只能说明对方还不是你的那个"真命天子"，他还不足以让你满意到冲昏头脑。一旦某天你遇到更大的诱惑，你的"变心"是毫无疑问的。

三、"疑心生暗鬼"问题。

由于两人分隔两地，聚少离多，猜疑和不信任感是避免不了的问题。犯这种毛病的，女人居多。女人心思细密，天性又偏"弱"，缺乏安全感，因而大多数女人都多疑善妒，对自己的男友不依不饶、小心看管也是常事。对此，大部分男人可能会觉得自己很委屈：我明明什么都没做，她却总像看守重犯、要犯那样紧紧看着我，一点点小事她就大发雷霆，怎么解释都没用，一天光哄她就能哄到把自己累死！

这个问题的解决没有良方，这需要女人调整自我心态，要努力做到"去理解对方"。如果你是被怀疑的一方，你要明白"事出必有因"。既然你受到怀疑，必然是有"可供人怀疑"的疑点出现。你可以找到这个疑点，解释清楚，并记得这个教训，以后不再犯同样的失误，不再主动招他怀疑。譬如，你不接电话，可能你在开会，可能你没听到，而他却因此怀疑你是不是在背着他搞什么"见不得人"的事。那么下次，当你开会不能接电话时，你要主动给他发短信说明。一时没听到电话铃声响，在你发现后要及时给他回电。相互约定：他给你解释的机会，不乱发脾气；你要学会主动说明，耐心、细心地对待他。

而如果你是"怀疑人"的一方，你一定要记住：疑心是最大的负能量。你想得越多，怀疑越多，负能量就越多，负能量叠加到一定程度，便可以摧毁所有的一切。你会发现往往总是这样，越是你担心的事情，偏偏就是会发生。这不是运势或迷信，这是你为自己制造的负能量。因为你总在怀疑、担心，而这种"怀疑"和"担心"就变成了一种心理暗示，对你而言，它会暗示你"他会背叛、会劈腿"。渐渐地，你在心理就会给他打

188 真爱并非运气
被爱是种实力

上"不靠谱、不值得信任"的标签。这时无论他再做什么，无论他做得多好、多棒，在你眼中也不过是刻意地演绎与哄骗……因此，要学会调节自己的心理，认识到"疑心生暗鬼"的危害，是解决这个问题最好的、也是唯一的办法。对方的劝慰或解释只是一时，归根结底，你不能靠着别人给你的劝慰和解释过一辈子。想要过"正常人的生活"，就先把自己心态调节好，他可以做得很好，但他做好的前提是，你必须相信他能够做好。

总结来说，对于"异地恋"，很多人喜欢说"不是不爱，只是输给了距离或时间"，但那其实是借口！如果足够爱，你可以背起行囊出现在他面前，而他即便辞了工作也会回到你身边，世上没有解决不了的问题，也没有无法到达的距离。所有的纠结、顾虑，无非因为爱得不够，而诱惑太多。

所以，如果爱，请深爱；如果面临诱惑，我尊重你的选择，若你足够爱我，你不会舍得伤害我，令我难过……

好马不吃回头草

随着《匆匆那年》《致我们终将逝去的青春》等电影的热播，"校园恋情"已成了如今最热门的词汇之一。一部部青春题材的影片赚足了人们的热泪，勾起了无数人对"青春"的缅怀与追忆，令人唏嘘不已。

而青春题材的作品之所以能够大行其道、长盛不衰，究其根源，是因为每个人心中都有一个关于青春的未做完的梦，都有一段未尽的故事和一个寄托了无限遐思与情怀的人……

如果你未曾经历一段校园恋情，那你的大学生涯基本就算是白过，甚至如今高中生恋情也早已不是绝对的禁忌领域。撇开诸如"该不该早恋"等传统教条思想的束缚，本文我们只论情感，不问对错。

说实话，本人一直是校园恋情的坚定支持者与倡导者。学生时代的恋情不是为了有结果，只是为了"经历"。经历过那时的单纯与青涩，不被世俗干扰和污染，或许我们才能更好的体会"纯粹的爱情"。

在那样的岁月里，我们不知道什么叫"生活压力"，我们不知道房子有多重要、钱有多重要，也不知道世界上还有那么多的诱惑；男孩不觉得会有女孩比眼前的她更美，女孩也不认为会有男孩比深爱的他更帅、更出色。

听过某段歌词唱道："看着你的脸庞，背着行囊，说好去远方。谁还记得那年我拉着你说，爱永远一样……"只有在那样的年代才会有那样傻傻的故事，和那样单纯而执着的我们。那个时候的承诺不是玩笑，我们比以后的任何时候都要认真与执着，对自己、对他和未来都深信不疑。那个时候，我们身边没有这样的笑话："如果你喜欢一个女孩子，记得千万千万要忍住，不要马上出手，因为没准儿她的闺密比她更漂亮、身材更好、对你更温柔。如果你喜欢一个男人，记得一定要矜持，要有耐心，不要急于接受，因为没准儿他的兄弟或父亲比他更有钱、更成熟、对你更大方……"

尽管我们异常努力、异常认真，但大多校园恋情还是以分手收场。也有人会执拗、会不解，为什么我已经这么努力了，却还是无法挽回？当初的海枯石烂、生死相依的誓言，难道只是说说而已？

生活毕竟还是实实在在，需要柴米油盐，需要经历各种坎坷、考验甚至诱惑的。每当我们痛哭流涕、怨天尤人，责怪自己的初恋背信弃义当了"陈世美"的时候，是否也曾考虑过或许不只是他"变心"，而是自己也在改变。一旦踏出校园或者环境有所变迁，当年的女孩是否真能一如既往地纯情可爱？

所以初恋，尤其是学生时代的初恋能够终成正果的概率低于千万分之一。究其根本，并非因为哪一方变心、劈腿了，哪一方又无理取闹了，这些只是表象或"诱因",重点还是在于,初恋时我们的爱还太单纯,太不食人间烟火、不接地气。

情侣想要手拉手走一辈子的前提是,两人的步调"必须"要一致。一个跑,一个走;或者另一个生拉硬拽地推着另一个往前跑,其最终的结果一定是分开或岔开。

有一些人,竟然傻呵呵地为此伤怀、为此一蹶不振,甚至把希望寄托于再续前缘。对待这类人,我只想说,醒醒吧,哪边凉快哪边待着去!

要知道,世界上最美好的事,就是回忆初恋。因为失去,所以才无限美好,因为得不到,才会念念不忘。而世界上最可怕的事,就是与初恋再续前缘。因为,时光可以且必将改变任何人,时过境迁,你已不是你,他也早就不是他;初恋在你的梦与追忆中被常年美化,而真实的他却在社会中接受最残酷的考验,跌打滚爬。

曾经看到无数影视作品中描述人与初恋重逢的场景,我印象最深刻的是有一个纯纯的女高中生,与自己的老师发生了离经叛道、不被世俗所容的热烈爱情。经过各种波折与阻挠,两人不得不以挥泪分离收场。老师伤心之下销声匿迹,躲去一个偏僻的山村教书。而女孩对他情有独钟念念不忘,终于女孩在大学毕业后打听到了他的下落,于是不顾一切飞奔去见他。当她出现在他教书的破破烂烂的小学门口,心脏狂跳到自己几乎昏厥……然而,在见到他的那一刻,她彻底崩溃了。不是因为她太激动,而是因为她"不敢相信",那个在自己印象中风度翩翩、潇洒非凡的老师竟然成了一个头发灰白、身影佝偻的糟老头!他衣冠不整,蓬头垢面,正在划亮一根火柴点烟,却不料一阵风吹来,把火吹灭了。他爆出一句粗口,骂骂咧咧地诅咒着恶劣的鬼天气和风,终于为自己点着了香烟……就在那一刻，女孩的世界彻底崩塌了。她痛哭着跑出学校，甚至不敢上前与自己曾经深爱的人相认，没来得及对他笑一笑，道一声"别来无恙"……

在这个故事里，也许有人看到了光阴的残酷，但我要说的是，人心比光阴更残酷。光阴会摧毁一个人的外表，但人心会在瞬间抹杀所有的美好。所以不仅仅是你爱的人改变了，而是在期望值与现实的巨大落差下，你的心也改变了。

人总在向往美好，而在幻想与思念中夸大曾经恋人的美好也是人之常情。还是那句老话：得不到的，就是最好的。因为错过的遗憾，你自说自话地给你曾经的恋人套上了圣洁的外衣，而一旦有一天重逢，幻想落到实处砸得粉碎，你却又无法经受打击从而弃他而去。这不仅对他来说很残忍，对你自己也一样是鲜血淋漓。

所以，好马不吃回头草，如果你没有强大的内心，对现实还没做好充分的准备，千万不要去见你所谓的"最美好"的初恋情人。最美好的东西只堪供上神坛，难以在现实当中维继。飘在空中的"神仙姐姐"或者"白马王子"，就让他们永远在属于他们的世界里翱翔吧！要像呵护珍贵的水晶娃娃一样守护好他们，千万不要让他们跌落世俗，不要将自己心底的那些美好粉碎。

要放过自己，寻找下一段美好……

第四章

Chapter__4

有技巧地爱：让他和你更亲密

女人需要精心保养，感情也需要有技巧地经营。
在感情中发挥你的聪明才智，适当地"动用"一
些小技巧、小心思，不仅会让你心情愉悦事事遂
愿，还能让他和你更亲密。

爱的技巧：少计较

在恋爱里，我们经常说要少计较，才能爱得好。"爱的精髓是付出"，这话对所有人来说，可能并不陌生。一旦展开这个话题，不免有人不以为然。什么年代了，这么老套的话题，犯得着拿出来研讨吗？在此，我想说的是，话题陈旧，不代表它没有存在的价值。一个话题如果能被人讨论上几十年，那么表明始终有人对这个话题感兴趣，始终有人没有真正弄懂这句话的含义，这个话题的争议始终存在，永远没有标准答案。

在我主持光线传媒的老牌节目《最佳现场》的那段时间里，采访过无数明星，也听过无数催泪的故事，但其中令我印象最深刻的有两个人：一个是《好声音》和《快乐男生》的双料选手李行亮，一个是《好声音》人气学员金池。我不知道为什么最能打动我的都是"选秀型"歌手，可能因为在"一朝成名天下知"之前，他们也只不过是一些在生活道路上摸爬滚打、一路坎坷挣扎的人吧！

李行亮的女友（现在已经是他妻子了）与他相识六年，从同事转成一路支撑着他的"背后的女人"。女友曾经为了支持他追逐自己的音乐梦想而拼命工作，省吃俭用到连件几十块的衣服都舍不得买，只为了贴补他的生活、支持他的演艺事业。在他父母双亡的时候，她用爱温暖他的心，陪伴他一起走过伤痛。在他决定为了追求梦想去"北漂"的时候，她无条件支持，甚至砸锅卖铁也跟随着。在他事业遭遇瓶颈、十分不如意的时候，她只是温暖地微笑，对他说："走到这一步，我已经很满足了。你实现了我的梦想，带我来到了北京……"而当李行亮终于通过《中国好声音》再次走入大众视线，事业开始稳定的时候，他回馈她的是一场浪漫的婚礼，一个坚定不移的承诺。他握着她的手对她说："这辈子不娶你娶谁？我会用所有的生命好好爱你……"而她不知道的是，他把她曾经写给他、为他加油的一张小纸片偷偷塞进自己的钱包，当成了这辈子的护身符。

而金池与她丈夫的故事似乎更加平实、更贴近生活一些。虽然没有经历大起大落，但也尝遍甘苦。当初金池的丈夫（那时还是她的男友）为了她放弃台北的工作，来到内地。却不料他上班没多久便遭遇了车祸，撞断了腿。生活突如其来的打击让两个原本只是想"先交往看看"，并没有考虑太多未来与结果的年轻人走到了一起。金池的想法很简单：他在这里人生地不熟，如果我不管他，就真的没有人管他了。那段时间，金池非常的忙碌与疲惫，经常需要为了照顾男友往返于两座城市。为了贴补生活开销，她一边工作，一边唱歌，一边还要打理两人开的小小餐饮店。最后，餐饮店倒闭了，可她换来的是这个男人一生一世的承诺与感恩。

这两个故事让我们看到了"付出"的力量。付出不一定能让你得到幸福，但不懂得付出的人，往往离幸福总有"咫尺间"的距离。为什么有时候，有些人总是觉得自己碰不上对的人？为什么总有女人在抱怨"世界上没有好男人"？其实仔细想想，到底什么样的标准才叫"好"？所谓的"好男人"到底是什么样？无非也就是一心一意对你好，愿为你付出、能陪你到老的人。问题在于，当你在要求别人，享受别人无条件、全然无保留的付出的时候，是否同样要求和审视过自己——"我是否做到足够好？我是否真的全无保留？当我跟他发生矛盾或者口口声声柔情蜜意地说着'我爱你'的时候，心里是否有给自己留下一条退路？"

我需要知道这个问题的答案，无论你们承认与否，大部分人即便"深陷"爱情当中，依旧是以"自我感受"为首要考量。绝大多数人考虑问题的方式是"你为什么就不懂我，不能迁就我一下，让我高兴"？而不是"我能为你做点什么，让你高兴"？换句话说，绝大多数人在谈的只是"意淫式"的恋爱，而非真正意义上的"爱情"。她们在想象的世界里享受各种山崩地裂、海枯石烂，标榜着自己的伟大，强调着"我为你的付出"直至最后，抱怨和指责着各种"不懂珍惜"的负心人。惯常的语言是：我对他这么好，他竟然从来都不知道珍惜！

当然，我并非要指责这些"被辜负"的可怜人。"负心人"也许确实是真实存在的。"被辜负"的事实也是铁板钉钉、不容置疑的。但是我们是否考虑过自身的问题呢？我并非是在宣扬无条件的付出，不求回报。在这里，为大家总结了爱情的三大原则，供大家参考：付出一定要有回报；付出与回报不可能完全对等；斤斤计较、毫厘必争的是菜场大妈，不是恋爱中的人。计较太多，证明爱得太少。

付出一定要有回报。这句话的正确理解是，付出不一定都能够有回报，但真爱你的人，不会单方面享受和消费你的付出，而不做任何回应。因此，你要学会判断你的恋人，是否值得你付出。

如果你只是享受恋爱过程，想体验一下年少轻狂、心跳、心痛的感觉，那么你可以尝试这样"无止境付出而不求回报"的恋情。但如果你想找的是一个真爱自己的人，你就要懂得观察，懂得区分，懂得悬崖勒马。付出是一件很美好的事。为了感动某个人，继而得到他的心，我们也确实应该先"只问耕耘，不问收获"。但"耕耘"总要有个限度，一年、两年可以，十年、二十年还种不出稻谷来的田地恐怕是块"先天不足"的贫瘠土壤，又或者它压根儿就不适合种稻谷，而应该种棉花。所以，该出手时就出手，该"斩仓"时就"斩仓"，及时止损你才能留下资本，给真正需要你的人。

这里所说的"斩仓、止损"并非教大家吝啬"付出"，而是你要明白，什么样的恋人值得你付出。

"付出"是给别人也是给你自己一个机会去靠近爱情。而"付出"之后便是等待和判断结果。你无法叫醒一个装睡的人，也无法感动一个不爱你的人。真爱你的人，一定会让你的付出有回报。

付出与回报不可能完全对等。你可以期待回报，但千万不要把双方的付出放到天平上称，非要分出个孰轻孰重。这样的做法显然不科学，也不聪明。因为"付出"从来都只能用心去体会，而没有统一的标准可衡量。我们每个人由于性格、经历以及所受教育等的不同，对"付出"的概念和衡量标准都各不相同。

有人认为，我天天说爱你、亲吻你，为你做好吃的就叫"付出"；而有人认为我拼命工作，挣钱为你买你想要的礼物就叫"付出"；有人认为我把你从头伺候到脚，大事小事都不用你操心，就叫"付出了所有"；而有人则认为，我为你改变，为你斩断所有异性朋友，甚至连姐妹兄弟的聚会都很少参加，就叫"付出了全部"……

爱情当中，双方都有付出就好，至于具体谁付出了多少，则不必太过斤斤计较。世界上没有两片完全相同的树叶，当然也没有想法、经历、认知都完全一样的两个人。人与人之间的差异，导致大家在"付出"这个问题上有些许差异，这是完全可以且应该被理解和接受的。

切莫斤斤计较，计较太多，证明爱得太少。你把精力都花在掰着手指头算别人为你付出了多少，自然就没办法把精力集中在让自己也踏踏实实付出一回。时常"自省"是应该提倡的，你可以跟自己计较，定期看看自己有哪些事做得还不够好、不够到位，但千万不要把目光永远停留在追究和审查你爱的人身上。

爱情当中适度地豁达与大气，会让对方更加爱你、珍惜你的好；反之就成了"沙子的故事"，你手握一捧沙，握得越紧，则沙子越容易漏出，反而摊开手掌，给它适度的空间与自由，你才能完整地拥有它。

我爱你，是我的事。你爱我，是你的事。我做好我的事，不强求你的事。我爱你，所以心甘情愿为你付出一切，如果你也同样爱我，自然也会同样做到。至于未来如何，就交给老天去裁决。得之，我幸，失之，我命。

当然无论未来如何，对爱情的信心要始终保持。无论过去经历多少伤痛，都不要害怕，不要止步不前、吝啬付出。一定要相信，爱情从来不会放弃我们，爱情，从来不会放弃任何一个信仰它的人。

想得到什么样的爱情，先付出什么样的努力。

如何延长男人对自己的"保鲜期"

情侣间分手的理由有太多种。也许只是一个要看球赛，一个想看韩剧；一个要吃西餐，一个要吃川菜；一个要逛商场，一个要逛书店；也许只是因为男友常常忙开会没时间陪着你逛街看电影，使自己倍感冷落……究其根源，除了相处日久，新鲜感不再之外，还有一种原因让男人最后离开，那就是：厌倦。

歌颂人对自由的终极追求的裴多菲的著名诗句"生命诚可贵，爱情价更高；若为自由故，两者皆可抛"，其实也可算作是男人角度的价值观的最好写照。相比较而言，男人最害怕失去自由，女人最害怕失去保护，男人天性比女人热爱自由。一旦女人对他的束缚超越了界限，从温柔的约束到粗暴无理的捆绑，时间一久，两人间势必发生问题。而问题一旦产生，若不妥善处理，日积月累下导致某方心生厌倦，后果是轻则分手，重则产生流血事件。

不要认为这是危言耸听。本人曾遇到一个真实案例，一位女性求助者自爆与其男友相处出现问题。男友大她十岁，离过婚，有一个儿子。他们当初相识时，她并未觉得有什么问题，等热恋期过后，两人开始为了一些小事频繁争吵。有一天，两人相约吃饭，不料男友的儿子突然来电说想他，希望见他。男友当即决定回去看望儿子，女孩则不依不饶，死死揪住男友不放。男友一怒之下提出"分手"，女孩当即狠狠放话：要分手可以，除非你捅自己一刀。原本以为这只是一句气话，不想男人竟当即拿起桌上的水果刀，真的狠狠捅了自己一刀！

结果自不必说，除了分手是板上钉钉以外，这次事件给两人的身心也都造成了巨大创伤。

在这次事件中，我们不难看出"厌倦"对两性关系的危害。它并非只是简单的"失去新鲜感"，而是对某个人或某个人的某种性格与特质长期不满，积累下来的逆反心理与隐形厌恶。当一个人对一件事或一个人已彻底厌烦，想要离开、做出改变是再正常不过的事。也只有在这种心态的驱使下，男人才会毫不犹豫、绝不回头。

当然一个男人宁愿自残，甚至付出生命代价也要离开身边的女人，这证明他不光厌倦了她，更厌倦了目前的生活。忍受一个人带给自己的压力尚且可以，而当这个人长期占据自己的全部生活，这种压力便无处不在，并继而转化成为生活的压力。没有爱情和共鸣尚且可以生活，失去自我和对生活的向往，这才是最要人命的。

如果你与你的另一半的关系不幸已然走到了这一步，那么唯一且最好的方式就是"放手"。无论再做什么挽回的争取与努力，都只是给了自己耻笑自己的机会。

当然，"亡羊补牢"或许为时已晚，但防患于未然还是每个女人都能够做到的事。如何延长男人对你的"保鲜期"，其实是一个可以探讨的话题。

男女间相处的最大问题就是因为男女的思维模式不同。男人的思维一贯是"就事论事"的现实主义，而女人的思维却是"耽于联想"的浪漫主义。譬如，男友在情人节约会迟到，并且忘了买花。男人会觉得这不是什么大事，只是下班出门的时候正好遇上大堵车，心急赴约怕女友生气，于是便顾不上去花店停留买花。而女人则会觉得"为什么这么重要的日子你不早点下班？堵在路上就不能先给我个电话知会一声，道个歉？平常不送花、不浪漫也就算了，就连情人节你都忽略，到底心里还有没有我？过去追我的时候那么殷勤，现在什么都不记得为我做，你是不是不爱我了？是不是有了其他人"？

而当这个时候，如果男人再不善言辞、不懂如何哄女生消气，甚至听之任之抱着"等她自己消气就好了"的想法，那么这个男人基本就别想过太平日子了……女人最大的强项就是吵架时拥有充足的体力与爆发力。很多女人甚至能够拿出"抱定一个细节不放手、誓死必究"的科研精神来对待两人之间的问题。那对于男人来说，委实给他们造成了巨大的压力，甚至会让他们积聚对恋人的不满。

长此以往，恋人间发生的小事件越多，争吵越多，积聚的不满也越多。量变引起质变，想不变都难！更别忘了性别差异隐藏的巨大危险：男人为人处事往往意气用事，女人为人处事往往感情用事。

明白了这个道理，女人就非常清楚自己应该怎么做了。女人要学会换位思考。当你不断质疑、不断给男人施压的时候，请想想："如果我犯了他犯的错误，我希望他怎么对待我？也是这样不依不饶、上纲上线？要是他这么对我，我会不会烦躁，会不会觉得他不可理喻，会不会生气？"

女人要学会当他的"坏"显现出来的时候，想想他的好。虽然他这次约会迟到，粗心大意，不够体贴、照顾我的感受，但那次我生病了，他在床前照顾、陪伴了我一天一夜都没合眼；还有再上次，我半夜想吃馄饨，他冒着寒风冬雪出去买，回来自己都冻病了；还有上上次……

没有人是完美的，人更不可能只拥有一种特质。地球都分白天与黑夜，人怎么可能只有一面？某时你得到了他的阳光灿烂，某时却也可能黑暗无边。当你不巧遇上了暗夜低气压，也想想你曾得到过他的温暖，和煦如春风……

要明白一个道理：爱上一个人是因为他的优点，但能够跟一个人过日子，一定是因为能容忍他的缺点。要承认每个人都有缺点和不足，他有，你也有。如果他都能够包容你的坏脾气，你又何必对他的粗枝大叶耿耿于怀？如果他当真一无是处，你当初又何必爱上他？

男人天生比女人肺活量大，所以他需要呼吸更多"自由"的空气。这不是指他会三心二意、不老实，只是他需要你更多的宽容与谅解。当你把怒气一股脑儿全倒向他的时候，记得他也需要呼吸，你的穷追猛打、锲而不舍，会逼得他喘不过气来。

就算吵架也不一定非要争个输赢。换个角度思考，就算你赢了又怎样？能达到什么结果？他承认他确实是在约会时故意迟到、故意不给你买花，因为他确实没有把你放在心上，然后呢？你除了伤心难过，你还能得到什么？即便他再如何认错，哪怕磕头求饶，你心里的创伤又能弥补几何？

不要以为每回吵架都赢，你就真的是"赢"了，赢了争吵，会输了人。相信我，你绝不会想得到那样的结果。

当一个男人在你身边时刻小心翼翼、生怕你不高兴，甚至面对你的数落时，连大气都不敢喘，这并不是好事。它只能证明，你离失去这个男人的时候不远了。

老祖宗爱说"凡事留一线，日后好相见"，这句话放在爱情里边同样适用。

任何时候，记得不要把爱你的人逼入死胡同，除非你已经不爱他。请不要用恣意任性与趾高气昂来消磨他对你的爱。你可以表达你的不满，甚至也可以争吵，但聪明的女人，永远懂得什么叫"见好就收"，这样才能防止男人对你产生厌倦，才能让男人对你死心踏地。

你想要他的"好"，就要接受他的"坏"

两人相恋时间久了，激情逐渐退却，又或者恋人步入正常且平淡的婚姻生活后，总难免发生各式各样的争吵。

男人最多的抱怨可能是："刚开始恋爱的时候，她是温柔可人的甜美小公主，现在简直成了霸道蛮横的村妇！脾气差也就算了，人还越来越不修边幅，越变越丑，一个女人怎么可能改变这么大，前后差别这么多？"

而女人抱怨最多的则是："过去我跟他上街，出门至少化妆两小时，他一声不吭在楼下等，见面还夸我漂亮。现在让他多等几分钟就要着急骂人，这还是追我、口口声声说爱我的那个人吗？"还有，"过去让他买个东西，不说大方吧，也还行，毕竟经济能力有限。陪我逛街从不抱怨，拎包、开门、买单，累了还负责买水买吃的……殷勤备至。可现在我一开口要买包他就数落我，出门逛街不到两站地他就喊累。多叫他几回去逛街，后来他干脆不去了！就算在家里睡大觉也不愿意陪我出门"……

其实，任何爱情长跑到最后，双方的缺点都会暴露无遗。相较恋爱之初，我们精心打扮，处处小心拘谨，只为展露最好的一面让对方看到，能够深深吸引住对方。随着交往越深，我们越会放松自己，觉得在对方面前，做任何事都可以，都是自己人。而这时各自身上的缺点，就会渐渐展露。

恋爱之初，即便他在你面前衣衫褴褛、蓬头垢面，甚至当面抠脚丫，你也会觉得"哇塞！这个人是多么放荡不羁，多么地有性格、不被世俗同化……"而交往一年、两年甚至十年、十五年后，当初"放荡不羁、个性十足"的个性，会被我们看成是邋里邋遢、上不了台面的行为。我们的眼中再看不到对方的优点，可能只是无限放大了对方的缺点。

最终的结果只有两种可能：双方缺点完全暴露，对方已经习惯忍受——这时候该结婚。双方缺点完全暴露，彼此将对方的缺点无限放大，觉得路人甲乙丙丁都比他好——这时候该分手。而无论何种情况，你必须正视一个问题：缺点是狗皮膏药，贴上去就撕不下来，其实，每个人都有缺点，只要死不了人，实则都不是大问题。

为什么说这类人适合结婚呢？理由很简单，生活就是磕磕绊绊、不完美，"王子和公主从此幸福地生活在一起"只存在于童话故事里。童话故事为什么写到这里都一律写不下去了呢？因为故事都是普通人写的，普通人不知道"王子和公主"究竟应该怎么生活。生活就是柴米油盐。王子睡觉也会如常人一样打呼磨牙，公主卸了妆也是素面朝天甚至满脸青春痘。

用文艺一点的说法就是：恋爱与生活职能不同，功用也不同。恋爱的职能是好好"爱"，功用是放大彼此的优点；生活的职能是把日子过舒服，功用是放大彼此的缺点。如果双方能接受优点，两人就能够在一起；如果双方能接受缺点，两人才能够在一起一辈子。

对方再大、再突出的优点，到最后你也会变成适应，也得习以为常，没办法，他天天躺在你身边，你无法一直以崇敬天神的心态崇敬他。因为，你们在一起生活。过度眷恋或依赖优点的结果，必然很惨淡。你不仅得不到任何你幻想中的美好，而且会失去体会与珍惜"平凡快乐"的机会。

当然这里所说的"习以为常"并非"不感恩"。一个人把他的下半辈子交给你，选择与你一同面对岁月的沧桑和琐碎，无论结果如何，我们都应该心存感激。只是，我们不能因为感恩、激动或者珍惜，就一厢情愿地美化对方。

相对于恋爱初期的理想化甚至"神化"对方，把对方"拉下神坛"才是两个人更适合生活、更适合长久相处的模式。当然"拉下神坛"并非抹杀对方的优点，我们依旧很珍惜他的优点。我们只是将对方的好，融入彼此交汇的生命中，就像空气一样，你感受不到它的存在，却依赖它的存在。

而相对于出现较早、消化也早的"优点"，出现较晚、一时难以消化的"缺点"就具有极大的杀伤力和破坏力了。

由于在恋爱初期"缺点"就成为了双方必须要隐藏的部分，往往是"能藏多深，就藏多深"。但真性情藏也藏不了一辈子，终究还是要露陷。尤其是大家相处时间久了，双方都进入平淡甚至倦怠期，各自缺点就会一不小心跑出来，令对方大吃一惊，完全无法理解和接受。进而你就会猜疑"是不是他变了"、"到底是什么事（或者什么人）让他改变了"？

实则你不知道（或者知道但打死不愿接受）的事实是，这些"缺点"同"优点"一样，已经跟了他很多年了。

如果说"优点"就像是香甜诱人的红苹果，那么"缺点"就像是那个包藏在内部的果核。吃完美味的那部分，当然就想把果核扔掉。然而非常遗憾的是，这个苹果并不是"自选搭配式"，而是"一体式"。很多人对于吃完果肉连果核都要吞下去这事儿，第一反应自然是抗拒。毕竟，果核不如果肉那样味道鲜美，容易消化，也容易被人接受。通常恋爱进行到这个时期，会是情侣间最难熬的时期。接受"新生事物（当然'缺点'不能算作新生事物，只是从前未曾发现而已）"已经需要不少时间，还要消化生硬的果核那必然需要很长的过程。

在这个过程中，有人觉得实在难以接受"理想"与"现实"的落差，转而落跑，这便是传说中的"分手"。这没有对错。不过是个人选择与包容、适应能力的不同。也有人坚持下来，最终坦然接受，通常这类人内心比较强大，很有包容心，也有很高的情商。

如果你跟自己的另一半正处于彼此性格与缺点的磨合期，不必纠结痛苦。要知道人若处于负面情绪时，总是愿意放大眼前的痛苦而忽略曾经的快乐。其实换个角度想，这个现在带给你无限纠结与痛苦的人，曾经也带给过你快乐。他身上并非只有你无法接受的缺点与阴暗面，在你们甜蜜、如胶似漆的时候，你眼中看到的他曾是一个由数不尽的闪光点汇聚而成的发光体。

你要学会理智地衡量"过去与现在，得到与失去，开心与不开心"。如果你忍下了他身上所有的缺点与坏毛病，你将得到的是什么，失去的又是什么？过去与现状的落差，是否真的大到你难以接受？你与他一路走到如今，究竟是开心的时候多，还是不开心的时候多？假设忍下一点点的不开心，换来的就能是更多的开心，你是否觉得值得，是否心甘情愿？

曾经听过一个极为短小却极其动人的故事。记者采访一位两鬓斑白的老妇人。他问她："你的丈夫有多少缺点？"老妇人回答："像天上的星星一样多。"记者又问："那你的丈夫有多少优点。"老妇人回答："像太阳一样少。"记者十分不解："那你为什么还能跟他一起生活那么多年？"老妇人微笑："因为当太阳升起来的时候，星星就都看不到了……"

这也许只是有心人编的一个小段子。但它的动人之处就在于告诉我们，这就是爱情。

爱要学会包容，如果你接受不了他最差的时候，就没有资格分享他最好的时候。非要将一个人的"好"与"坏"割裂开来的行为，与吃饭只吃肉的行为一样，只能同甘，不能共苦，终将为人所不屑。

争吵并不一定是坏事儿

对于这个问题我想说争吵也是爱情的一种润滑剂，显然有很多人无法理解，甚至坚决要跳出来表示反对的。会有人说：情侣之间不能吵架，越吵感情就会越淡。吵着吵着，爱情也就吵没了。绝大多数情侣都害怕吵架。可两个人之间相处，总有磕磕绊绊，总有意见相左、无法调和的时候。因此"永远不吵架"不过是不切实际的幻想。常常会看到各类明星各种秀恩爱，接受采访时还总有人提及"结婚这么久，我俩从没拌过嘴"。结果呢？不拌嘴的闹离婚；不吵架的，只是把精力都用在了劈腿、出轨、会小三上……从陈冠希到文章，从文章到陈赫，无数人在大呼"不相信爱情"、"天下男人都一样"。我并非是要跟大家探讨"娱乐圈有多乱"又或者"男人有多么不是个东西"，我只是想说只要两个人相处，就会有问题，就会无可避免地发生矛盾。所谓的"从不吵架、永不分手"不过是说出来，给"外人"听的。

　　既然矛盾无法避免，那么"发现问题，解决问题"就是我们首要提醒自己的态度。然而可惜的是，大多数人做的只是在"惧怕争吵"和"无限争吵"的死循环中，重复痛苦与纠结，却从不真正知道，或者愿意去想"问题在哪里"，而我们又该"如何去解决问题"。

　　我们不妨来回忆一下听过和看过的情侣间吵架都是怎样的。

　　南方人吵架相对温柔，南方女孩也擅长于"作"，一个问题拖着你纠结一百遍，只要这一个问题不对，你就处处不对。无论你做什么、说什么，再道歉哄她也是不对！而她的理由就是"他诚意不够"、"对我不够上心"、继而上升到"他就是不够爱我"！而南方的男孩自然也不甘示弱，大家都是娇生惯养、细皮嫩肉的孩子，凭什么就永远是我在哄着你，迁就你？你这分明就是无理取闹！于是大家比"憋"功，看谁先憋不住跟谁道歉，看谁先憋不住求回头。

　　北方人吵架就相对简单得多了。北方情侣一般不用"吵架"这个词。他们喜欢说"打"，喜欢说"干架、干仗"。顾名思义，北方女孩吵起架来那可不是"作"这么简单，又或者说她们的"作"可不像南方姑娘那么温柔，一个不爽就直接撸袖子上升到动手。而北方男孩也不像南方男孩那么能忍，他们一般不会选择走开，而是选择"迎头而上"。你跟我"干仗"，我就跟你"干仗"；你要是动手，我不说还手吧，想要对付你、制住你那还不跟玩儿似的？所以北方人的吵架到最后往往是闹到鸡飞狗跳，恨不能把全世界都拆碎捣烂。

　　而以上两种不同的"吵架"模式，基本已代表了全国情侣们的吵架方式。咱们不妨平静地以旁观者的角度（"身陷其中"的时候不可能，身陷其中的时候往往一个吼得比一个声大）来看待和审视一下这样的方式，它到底是否真的解决了你们之间的矛盾？吵完之后，即便和好了，他或者你到底是否认真地反思过自己的问题，找出解决的办法？

很显然，以上两种"吵架"方式都无法起到真正"解决问题"的作用。

那么，有人就要问了：既然如此，为什么你还要强调"争吵是爱情的润滑剂"呢？我的理由非常简单，请注意一下我的措辞。我始终强调的是"争吵"，而不是"吵架"。

吵架是非理性行为，不解决任何问题。吵架就像是各自往对方心里点燃了一把火，所有言语和行动上的刺激都只是为了彼此"火上浇油"。而这个时候，人往往容易走偏。热血冲到脑门儿的时候，往往只有一个想法，就是"一定要赢"，无论如何我没错！就算我有一点点小错，那也是你有错在先，你的问题比我大！于是为了证明"你的问题比我大"，我要想尽办法攻击你，挑你的毛病、战胜你，甚至不惜语言和行动上的侮辱，只是为了告诉你，"你究竟有多烂"，"你伤害我到底有多深"。

而其结果呢？可想而知。如果一个人已经被你认定为"坏人"、"烂人"、"贱人"，那他还在乎什么、还怕什么？人的心理无非就是这样。凡事总在时时刻刻地衡量。此时他会在心里想：我浪费口水、浪费精力，最终是为了什么？只是为了挽回一个认定我"烂到没救"的人的心？我所有的付出，难道只是为了可以让她继续侮辱我、打击我？易地而处，换成是你，你能否忍受？

在这种时候，如果再出现一个外力推动，譬如一个十分吸引他的美女……你想说"坚持不分手"，还能吗？所以，尽量不要吵架，不要让愤怒冲昏头脑。

而争吵却不一样，争吵应该是"提出问题，解决问题"，是两个人之间的良性沟通。争吵不是骂脏话，而是为了沟通，是交流双方的想法，让彼此靠近。在这个原则和大前提下，我们就能够自律和克制，会尽量不去伤害对方，给自己机会，也给对方机会。

冲动的人爱吵架，而聪明人爱"争吵"。争吵时，有理有据，如果你要证明我是错的，那么最好有证据证明你是对的。我不需要攻击你，只是要梳理我们之间的问题"究竟是怎样发生的"。吵架赢了自己爱的人，看他垂泪郁闷又怎样？出去好好打拼，赢个世界回来给对方瞧瞧才是正理！

有人比喻相依为命的两个人为"唇齿相依"。但即便亲密如嘴唇和牙齿，依旧可能会不小心咬到嘴唇而流血，执着于谁对谁错并没有意义。关键是要懂得和善于"梳理问题、解决问题"。

争吵的正确方法必须是"从头梳理"，找出问题的源头，然后解决它。解决它的方法，也不是简单粗暴地告诉对方：你错了，必须改正！而是应该相互指出对方的问题，让彼此了解"我对你有哪些不满"，而"你对我又有哪些不满"。所有问题汇总后，再来商讨解决的办法。我能让步的，我让步；你能让步的，你让步。双方达成共识后，才能确保今后同类问题和争吵不会再发生。

还是那句话：争吵和争论，应该是爱情的润滑剂。争论时不以攻击对方为手段，不以伤害对方为目的。争论只是为了阐述自己的观点和立场，让你的爱人更加了解你的脾性、原则和底线。越多的表达自己，而非伤害对方，就越有助于对方了解你、懂你，继而更加珍惜你。

爱情需要多方面地经营与维护，"争吵"也不过是其中的一种方法。只要你足够用心，懂得换位思考，即便处于"矛盾之中"，也能理性解决，变"坏事"为"好事"。

说实话，男人真的经不住诱惑

对于"诱惑"这个词，相信大多数女生都并不陌生。无数傻乎乎的女人为了验证自己选择的男人是否真的忠贞、是否真的靠谱，又或者仅仅是为了满足自己"独一无二、无人可取代"的虚荣心，常常都会一时兴起选择做这样的考验，而考验的结果到底是怎样呢？天晓得！

"傻乎乎"，这只是一种比较客气的说法。不客气的说法应该是：愚蠢。可能有人要义愤填膺打抱不平：这怎么就叫"愚蠢"了？一个女人想印证一个男人对自己的爱，正确估量自己在他心目当中的位置，这有错吗？

在此先不谈"对"或"错"吧！我先来给大家讲几个真实的例子。

A先生是一家知名金融企业的老板，他遇到了一个自己非常满意的员工B先生。但是他无法确定B先生是否对自己绝对忠诚，是否具有良好的职业操守。于是有人给A先生出主意，找人私下给B先生百万级的红包，让他瞒着公司进行台底交易，借此试探B的忠心。

A先生纠结良久，最终还是选择放弃了这个计划。结果多年后，当B先生成为A先生的左膀右臂、行业内精英的领军人物时，他知道了当年未曾实施的"考验"计划。他找到自己的老板A先生，真诚地向他道谢，感谢他当年没有这样做，没有选择考验人性。原来当年B先生的母亲正生重病入院，急需治疗费用。而如果在那个时候出现"百万级"的诱惑，"我相信自己会收下的"。B先生非常感慨地对A先生说，"谢谢您当初放弃了这个考验，否则，我不会成长为今天的我……"

而另一个关于"考验"的故事就没有那么圆满和令人感动的结局了。C小姐与丈夫D先生新婚一年，十分恩爱，或许就是因为太恩爱了，她突然心血来潮想考验一下老公的忠诚度。她非常有信心自己会赢得这场考验的胜利，如此，便更能增加她的荣耀与幸福感。于是她派了自己最好的闺密去勾引自己的老公，甚至还专门安排他俩在外地"出差时偶遇"。最后，非常遗憾地，她在酒店里看到了赤裸身体相拥而眠的闺密与老公……

两个结局完全不同的例子，其实是为了说明同一个道理：千万不要考验人性。

或许有人说，我只是考验他对爱情的忠诚度（又或者金钱观和价值观），怎么就上升到什么"考验人性"了？这根本就是两码事啊！

我想说的是，对不起，你们都错了，这就是一码事。

女人总爱自以为是、一厢情愿地认为"爱我，就要对我忠贞一辈子"，可事实上，"忠贞一辈子"仅仅只是一种要求，你可以要求别人或者要求自己"去做"，但能不能"做到"并不是"必然"的结果。

记住第一条：千万不要用金钱去考验他。不要以为"真爱无价"，那只是最理想的状态。"真爱"还是有价的，只在于这个具体价格的多少。

或许你们确曾看到身边有不少夫妻一路搀扶、互相温暖走过贫贱，乃至最后走向成功的例子。但那背后还有一个更重要的原因是：在那段贫贱的岁月里，他们相互珍惜、相互信任，并没有谁吃饱了撑的想去用金钱来考验一下对方。美国的一档真人秀节目，主题是"给多少钱，你们会愿意离婚"。当价码出到"千万级"美元时，当初被选中参加节目的十几对嘉宾夫妻，无一例外，全部"阵亡"。

我曾经也就这个问题跟一对情侣朋友讨论过。我问女方，如果有人出一百万让你离开你的男朋友，你愿不愿意？女友非常坚定地摇头，说"不愿意"。我问："那如果有人出一千万呢？"她还是摇头。我又问："如果是一个亿呢？"女朋友略微思考了一下，依旧摇头。我继续问："如果是十个亿，而且还是美金呢？"女友彻底愣住了，不等她回答，她男友居然先跳起来大叫："我操！十亿美金还不走，想什么呢？你拿了钱，哪怕再分我一半儿也行啊……"大家都笑起来。我说："你就爱扯淡。"不料那位男友非常认真地回答我："这绝不是扯淡。如果一个男人肯花上十亿美金，只求得到那个女人，那证明他必然是真的爱她，且一定会珍惜她……"

举这个例子，不是为了给大家泄气，恰恰是为了鼓励大家好好珍惜，爱情很美好，但爱情并不像我们想象得那样坚强。不要轻易地去打击和考验它。现实常常会给爱情带来一些风吹雨打，它本已不易，我们就不要刻意地再去伤害脆弱的它吧！

此外，也不要用"色"去引诱他。关于"色"，并不是单纯地指男人"好色"，更为全面和贴切的理解应该是：性的诱惑与满足。所以"好色"不仅仅是针对男人，同时也包括了女人。爱美是人的天性，男人喜欢美女，女人被帅哥猛男吸引，这都属于极其正常的自然反应。

如果你带你的男友出去跟朋友们吃饭，他说他"完全没有注意到你的闺密很美"，那他一定是在心虚扯淡，此地无银三百两。而如果你的女友对你说"我就是讨厌帅哥"，那她基本也不太靠谱。何况这个"色"，还不仅仅局限于外表，还代表了更深层次的诱惑：容貌的诱惑、身材的诱惑、事业与金钱地位的诱惑、性格的诱惑，等等，所有的诱惑加起来，组成了一句话——哇，这个人好有魅力！

人可以自律，但不代表每个人都招架得住未知的"勾引"，尤其是来自自己所欣赏的人的勾引。

所以，女人想要牢牢抓住爱人的第二条，就是千万不要用"美色"去诱惑他。看起来越"美好"，越充满"色"的吸引力的诱惑，很少有人能招架得住。我之前曾经说过，男人的身体构造决定了他们每天都可以"生产"出亿万精子。且雄性好斗和征服欲的基因，决定了他们天生就希望把自己的"种子"播向神州大地。

如果你的男人对你说"我这辈子只爱你一个人，只想跟你一个人上床"，而你还信以为真，那么不好意思，我只能说：你实在是太蠢了！要知道男人之所以比女人更抵挡不了"色"的诱惑，是因为他们在抵挡诱惑的时候，除了要跟自己的心理作战，还要跟自己的"生理"作战。而"心理的忠贞"与"身体的反应"有时并不能完全一致。这就是我们常说的，男人是"小头"指挥"大头"。

所以，女同胞们，奉劝大家一句：没事别给自己找事。能安安稳稳过两个人的太平日子已是万幸，就别再闲得无聊非得给自己爱情加点考验了。"情比金坚"这话在小说和狗血电视剧里才会出现。现代人应该明白的是，正因为情不可能比金坚，甚至情会像水晶球那般脆弱，落地便粉碎，所以我们才要时刻将它捧在手心，时刻珍惜看紧。

当然除了来自两大人性的基本考验，女人们还常常爱犯的一个小错误是：总爱在男友面前强调自己"行情看涨"。今天说办公室来了个新同事对我有意思，明天说老板又想约我吃饭，后天又是"某某某老是缠着我，真烦！不知道怎么办好"……

说实话，相较于之前两种愚蠢之极的"考验"方式，这种程度的"考验"方法只能算是小姑娘撒娇，自己跟自己玩儿，无伤大雅。但凡事终须有度，不可太过。

举例来说，你可以在男友忽略你的时候，假装不经意地提一下其他追求者们的存在。但绝对不要天天挂在嘴边，尤其是在吵架的时候。

切忌用"贬低"男友的方式来凸显自己行情好。你可以撒娇带小小责怪地说"我那么爱你，看谁都觉得没你好，可为什么你老是对我不理不睬、忽略我的感受？"，但千万不要说"你看看，那么多男人都比你好，可我却偏偏挑了你这个最没用、对我最差的，我到底图什么"。

切忌在吵架当中反复提到"为他拒绝追求者"。譬如，你可以说："我为你付出了这么多，难道你看不到"，但千万不要说："我为你拒绝了一堆追求者，每天守在家里就为等你回来，你居然还不懂珍惜"……说出后一种话的结果是，男人会生气地说："既然外面那么好，千万别为了我委屈自己，你还是快出去吧！"

不要反复提，天天提，更不要每次只提固定的一个人。天天提、反复提的结果是，男友会觉得烦。他耳朵都听出老茧来了，也没啥新花样儿，自然就麻木了。而重复提及同一个人名字的结果是，男友会生气。继而怀疑你是不是对那个人也有意思，你俩到底是不是真有一腿，不然你为啥总在我面前提起他？

世上没有百分百纯度的钻石，也没有绝对可以经受的诱惑，如果诱惑不到，只能证明诱惑还不够强烈。所以聪明人绝对不会考验爱情，因为她知道，你所谓的"考验爱情"实则是在同"人性"作战。人是高级动物，但依旧摆脱不了动物的本质属性。尽管后天有教育和约束，但来自"先天"的召唤与诱惑，毕竟还不是每个人都能抵挡的。

还是那句话，爱情唯有捧在手心里，才是珍宝，你一松开手，它便成了满地的玻璃渣子。

不要轻易说分手

似乎每个女生在开始一段恋情的时候，都会幻想这是一场"永不分手的恋爱"。而真正到了发生矛盾甚至是口角的时候，大多数女生却都会把"分手"挂在嘴边。这似乎已经成了女人的通病，说分的是女人，最恋恋不舍、最希望复合的也是女人。于是，男人们就无法理解了，不就是谈个恋爱吗？要谈就好好谈，不谈就分。干吗整得这一出一出的，跟演戏似的！女人不作能死吗？

这个问题似乎已经成了男女之间永恒的、不可调和也永远无法相互理解的矛盾。从女人的角度，我非常能够理解那些被男人誉为"作女"的姑娘。我也曾无数次提到，女人多数嘴上提分手，心里却并不想分手，她真正期待和需要的是男人的挽留或者是告饶。她只是希望通过"提分手"这种方式，让男人为自己对她的坏脾气或者做错的事道歉，继而哀求挽留。男人如果能够痛哭流涕抓住她，将她搂在怀中求她不要走，说声"我离不开你"就更完美了！

"提分手"只是女人一种任性和自尊的表达方式，甚至于（且不论对错）是女人认为"能够留住他、停止争吵"的一种方式。不管男人认为另类也好，无法理解也好，总之女人的逻辑和认知是，如果他真的爱我，就不会舍得离开我；如果他真的懂我，也不会离开我，因为他知道我会难过。所以"吵架提分手"是为了让他懂得珍惜我，是为了刺激他的神经，让他在预想中体会一下"失去我"的痛苦。

当然，以上种种只是女人的逻辑，只有女人才懂。而男人永远不会明白女人在想什么，两个人相处久了之后，更加不会。

所以"嘴上说分手，心里却希望看到男人痛哭流涕求饶挽留，以此显示自己重要"是女人最常犯的错误。要知道，男人其实永远不能明白这一点。即便他在当时看到了女人"提分手"时留下的眼泪，也只会认为那是她气急了、伤心了、真失望了，而不会想到那也只是女人希望男人能够看到自己的脆弱，希望他会心疼，希望继续得到他的怜爱……

对于总爱提"分手"的女生，我有几条建议仅供参考：

虽然女人多数时候闹分手是为了得到重视、确定自己在爱人心中的地位。但男人却不可能明白这一点。尤其是吵架时，热血上头脑袋"嗡嗡"响的男人，他们通常都会以为你是来真的。所以，万不得已之下，尽量别提什么"分手"。如果实在一不小心冲口而出了"分手"二字，千万要记得管好自己的嘴巴，细心观察他的反应再做打算，切记不可再度言语刺激。否则，你的男人可能下一秒就夺门而出了。

男人忘记一段感情的速度通常比女人要快，所以千万别提什么"暂时分开、各自冷静"的蠢话。通常女人发现"分手"这话题真是被逼到了完全没有回旋余地的时候，总会选择率先提出"暂时分开，大家冷静一下"，当然也无须管这项提议是谁先提出的。一旦超过三个月的所谓"冷静期"，不用怀疑，那只是你们"分手"的序曲。这个时候，如果你想挽留他，最好还是趁早行动，否则"过时不候"，悔之晚矣。

女人学会沟通，把你心里真实的想法告诉他。有人说女人总是爱"口不对心"，嘴上说"不要"，心里想的却是"要"；嘴上说"你好讨厌啊"，心里想的却是"我好喜欢你"；嘴上说"你滚"，心里想的却是"我需要你留下来"。与其让别人（尤其是你心爱的男人）猜来猜去看不透你，不如主动和盘托出。你想什么，就主动告诉他；你需要什么，就主动让他为你做；就算他做不到，你不开心，你也要会直接表达，不拐弯抹角。两个人在一起，最重要的就是"沟通"，良好的沟通是相濡以沫、白首相携的最大前提和基础。

女人要学会撒娇，而不是抱怨。表达不满的方式可以有很多种，撒娇是女人的特权。千万不要学怨妇喋喋不休地抱怨，更不要学男人脸红脖子粗的争吵。前者不入流，而后者太粗俗。何况无论前者还是后者，都根本解决不了问题，只会激化矛盾。

聪明的女人会擅用"女性独有的优点"。女人为何天生外表娇弱？就是为了不让你跟男人去比谁嗓门儿大、谁更凶悍。就算有意见和不满，你可以用撒娇甚至小小耍赖的方式表达，以柔克刚，可能会比明刀明枪干架来得有效得多。气势占不占上风都不重要，那都是虚的，能够控制局面，让男人听你的、顺着你的思路走才是最重要的。

无论是装坚强的女汉子，还是普普通通的柔弱女生，大家一定记得"日久见人心"。喜欢一个人或许可以在一瞬间，但了解一个人却需要很多的时间。当你真正了解一个人，才有资格说出"爱"。

所以，不要轻易的认定你们之间的关系，不要轻易地下结论，甚至用上"灵魂伴侣（soulmate）"这个词。"soulmate"的定义不是"在一起有话说"，而是不说话的时候，像说了好多话一样。愿所有女孩都谈一场不分手的恋爱。

当爱情过了热恋期该如何做

情侣间经常会发生的争执往往是因为一些小事，这种情况在热恋期一般不会出现。热恋时被爱冲昏头脑，往往是"情人眼里出西施"；热恋期过后，就会觉得对方处处是缺点。

有人说男人像陈酿老酒，随着时间的推移越发珍贵；而女人则像鲜嫩的牛奶，保值期很短。这从流行的观念来看，确实有其道理。

曾有人从生物化学的角度研究爱情，发现爱情的产生源于PEA（苯基乙胺）、多巴胺等物质，而这些物质的分泌平均保持只有三十个月。也就是说，不超过两年半，当初我们"以为"的爱情便不复存在。当然，我本人并不支持用这么"理性"的思维来研究和判定爱情，但这项数据研究表明，人的热恋期通常不会超过两年半。

热恋期过后，一切趋于平淡，但并不表示爱情不在。它只是换了一种模式进入恋人之间。它由当初的轰轰烈烈、激情澎湃，转而成为日常的琐碎、庸碌、磕磕绊绊。也许曾经温柔多情、宁愿你发胖也一定要喂你吃饱的贴心男友，如今动不动嫌你身材走样、不懂体贴，还成天羡慕同事小张、小李、小王的女友如何漂亮、贤惠……对于这样的转变，很多人往往不能适应，并非不适应自己的"变化"，而是无法接受对方的变化。

于是便有很多人成天抱怨：他为什么会变成这样？他对我为什么不再像以前那样好？

实际上在我看来，这并非某人有错，甚至不是所谓的"态度改变"，而只是源于"习惯"。

时间会让一切变得理所当然。日复一日的相处，即便两人如何绞尽脑汁追求新鲜，最终也依旧不可避免地走入"习惯"。所谓的"七年之痒"、"三年止痒"无非源自于此。

但请你静下心来想一下，最完美的伪装你通常会留给谁？领导、客户、对你有用的人……绝对不可能是父母亲人。同理，一个人把你当成亲人、当成自己的人，才会在你面前展现出他最不拘小节、最脆弱、最神神叨叨等不足为外人道的一面。因为，在他心目中，已经对你足够的信赖和不设防，愿将最真实的自己与你分享。

当然，谅解与包容必须建立在"相互"之间且彼此忠诚的基础之上。倘若有一方包容，而另一方只管挑剔、指责甚至最后出轨、背叛，那这样的恋情基本也就走到了尽头。

张爱玲曾说过，男人的心态是这样的：有了红玫瑰，久而久之，红的变了墙上的一抹蚊子血，白的还是"窗前明月光"；有了白玫瑰，日子久了，白的便是衣服上的一粒饭粒子，红的却是心口上的一颗朱砂痣。这并非是简单的"男人大都花心、喜新厌旧"的解释。更重要的，它也说明了"习惯"的杀伤力。

即使是嫦娥，看上一百年都会让人视觉疲劳，更何况现实的人类？习惯，会让一切变得不那么珍贵。在习以为常甚至麻木之后，两人依旧相厮相守，那才是真正深厚可贵的情感。

如果说懂得包容与珍惜是相守一生的基础，那么学会提升自己，不懈怠，就是长久相处的经营之道。

很多女人最容易犯的最大的毛病就是懈怠。女人有了稳定的男友或丈夫之后，就觉得万事大吉，坐拥"铁饭碗"，完全忘了继续经营和打造自己。而与此同时，她对男人的要求却丝毫没有放松，要男人还一如既往对自己好，爱自己疼自己、言听计从，比以往差哪怕一分一毫，她们都会心生不满。

殊不知，你在要求男人不能退步分毫的时候，自己却原地踏步甚至退步，那请问男人缘何珍惜你，缘何单方面努力？

男人在某些方面甚至比女人更虚荣。我常说"女人是男人最好的奢侈品"，就像男人开什么车、带什么表、穿什么品牌的西装会被人拿来比较一样，男人身边站着什么样的女人，更是他们相互较劲的重大"项目"。

并非每个男人都天生喜新厌旧、始乱终弃，只是他们始终在寻求可与自己"匹配"、能够与自己对话的身边人。这种差异还在于：男人希望做女人的初恋情人，女人却想成为男人的最后情人。而很多女人往往忽略了这些，以为自己只要坐上了女朋友那个位置，只要照顾他、对他好，他对自己就也应该完全忠诚、千依百顺。而实际上，当时间消磨了双方对一切的新鲜感，男人已失去了当初第一口热饭喂到嘴里、第一次亲吻缠绵悱恻的感觉，他们更多的是需要"对话"，需要一个知疼知苦、能够分担的体己人。

所以，一旦你俩的关系走到了"习惯"甚至是麻木、无所顾忌的阶段，你千万不要抱怨，不要指责。新鲜感也许一去不回，但与此同时，新鲜感的消磨造就了你们对彼此的了解。用这份"了解"去温暖他，而非伤害他。不要总说"我算是看透你了"或者问"为什么你变成这样"，要说"我明白、我了解，你不容易"……

女人学会体谅与包容，是新鲜感消失时期最好的过渡与缓冲。要了解一个人不容易，只有时光的积累与沉淀，才能让你慢慢看清一个人，并且人无完人，每个人都有自己这样、那样的缺陷与问题。所以你要学会宽容，要学会理解。只要当初他吸引你的那些特质还在，只要他依旧善良进取，心中有你，你就忘了那些无谓的不愉快，给爱情留点空间自由生长吧！也许某天它会更像沁入血液的亲情，也许某天它变成了牢不可破的义气与友情，不管怎样，这一路即便少了新鲜与激情，但却能共担风雨，难道不是一种更回味悠长的甜蜜吗？

全心爱你OR不够爱你

全心爱你的人会百分百地去爱你，而不够爱你的人只会将他的一半心分给你，也就是"爱情二分之一"。何谓"爱情二分之一"？顾名思义，二分之一等于一半。爱你二分之一，表示我确实爱你，但我爱你只有一半，另外一半的心我留给了自己和现实。

这样的情况并不少见，在所有失败的恋爱当中，有一半是因为争吵、个性不合。而另一半的人喜欢说"不是不爱，只是输给了现实"。在这部分人的言论中，"现实"包括了父母的意见、八字的不合、两人身份地位的悬殊、收入、学历的差异、两城相隔的距离、存的钱不够买房结婚，甚至于买的房不合另一方心意诸如此类。很多人喜欢把它们归结为"现实"，但在我看来，这一切只是爱得不够的借口。

曾经听过这样一句话：不爱你时，你是一堆条件；爱上你时，你是一个名字。把这句话再说得准确一点就是：爱得不够深，才会有这样那样的条件和"现实"。

如果一个人给了你全部的心，付出了他全部的感情，相信我，他不会尝试割舍，更不会因为一堆所谓"无法解决"的问题与矛盾而离弃你。因为那种离别显然会比克服困难更令他感到痛苦，甚至痛到无法呼吸。

可能很多人会觉得，在爱情当中善于提一堆条件的往往是女性——女友和丈母娘。也因此，致使很多爱情未结果便夭折。然而事实并非如此，尽管部分女性在考虑婚姻、生活问题上可能比较现实，但在"爱情二分之一"族群中，男性所占的比例并不低于女性。

就本人曾遇到的个案中，男人"隐婚"、"隐情"、"伪单身"的比例至少比女性高了三成以上。有拍拖三年依旧不肯承认自己有女友的；有从来不肯带"女友"见家长甚至身边任何朋友的；有拍拖了很长时间之后突然说现实残酷，以"担心自己给不了女生幸福"为由提出分手的……情况林林总总，五花八门。对于这些人的女友，我通常的回答就是：他不够爱你。所以，你越早明白为好，早放手为妙。

很多女性认为，女人一见钟情的比例比男性高。但实际上，根据科学调查表明，男性一见钟情的比例其实远高于女性，与女人恋爱时用心决然不同，男人恋爱时用眼。一个相貌姣好、身材火辣的女人给予男人的冲击力有时往往高于他大脑的转速。也就是说，男人可以在一瞬间，因为女人漂亮的外表而被女人俘虏。甚至有传闻说，通常男人见到一个辣妹，到决定与她开房，其过程不足五秒。

而女人则不然。大部分女人除了愿意享受视觉带来的美感外，更多的强调"感觉"，女人是"感觉动物"。一个男人的谈吐、对自己的态度、眼神交汇处的微妙感受……这些都成为女人判断一个男人，乃至是否会被这个男人征服的基础。女人需要的条件一多，过程就复杂，进展速度自然需要放慢。

这就是男女之间的差别，男人恋爱时希望把复杂的过程弄简单，女人恋爱时则喜欢将简单的事情弄复杂。这也就是说，男人并非我们所想象或者他们所描述的那样理性，那样愿意屈从和尊重现实。男人骨子里的冲动和侵略性，导致了他们在真正想要得到某人或达到某种目的时，会不惜一切代价冲破阻碍，奋力争取。

本质上，男人其实比女人更容易冲动，而且冲动起来的时候，更加不顾一切。关键是，面前的这个女人能不能让他产生这种冲动。譬如，拍拖三年不敢让外界知道"女友"存在的，死活不肯让"女友"见父母亲友的，很简单，就一句话：因为她从来不是他的骄傲，而只是个羞于见人、竭力隐藏的存在。所谓"女友"，也不过是女生一厢情愿的幻想。

如果你不幸已经遇到了这样的"爱情二分之一"族群，那么不好意思，除了"分手"，你并无更好的选择。你必须意识到，这首先是你自己个人原因造成的问题，所谓"慧眼识人"，你没生就一双慧眼也就罢了，偏偏视觉感觉都迟钝，相处几年都看不出一个人真心与否，那真是再好的大夫也无力回天。

其实了解和掌握某些识人的方法并不复杂，只需记住三个原则：别让他轻易得到你。交往三个月还没带你见过身边任何朋友，交往超过半年他的家人还对你的存在一无所知，你就该小心警惕这个人。在你主动提出希望见到他的家人或朋友的情况下，他依旧以各种理由推脱敷衍，你就可以不用考虑再多，立即分手！任何解释、哄骗、道歉你都不必理会，除了一条：带你去见你想见的人。

爱情的路上总要经历些坎坎坷坷，这并不稀奇，也不必拖泥带水、自怨自艾。不要浪费时间和精力在一些不值得的人身上，迅速离开，寻找下一站幸福才是正途！记住：倘若一个人真爱你，他会不顾一切张开双臂拥抱你；倘若一个人不够爱你，再多的苦衷，也不过是推托逃避的借口。

信任与原谅，绕不开的话题

在爱情当中，有两个词似乎总是避让不开，那就是：信任与原谅。而很多人可能都不太喜欢这两个词，因为它们往往会出现在恋人间闹矛盾，甚至是有一方受到伤害或者相互伤害的时候。

譬如说，女生查男生手机、翻男生钱包，盯得男人太紧，男人就会发脾气，质问她是否还对他信任！再譬如说，某男出轨被妻子抓了个现行，深深伤害了自己的妻子，于是百般祈求原谅，甚至跪地求饶"保证下次不再犯"，可是，错误已经铸成，信任已被打破，还能重新建立新的平衡吗？

请注意此处我用了"平衡"这个词，没错。信任委实不是单方面的给予，而是两个人共同努力构建关系的基础。你信任我，我也信任你；你努力做好，让我放心，所以我信任你。

你信任我，我也信任你。这句话的含义是，信任是双方的认可与付出，不是一方对另一方的要求。信任靠等是等不到，靠要求是要求不来的。信任必须是你我同时的给予和付出。或许程度和多少不一样，但必然会相互影响。这并不是一种关于"公平对等"的要求，不是"因为"你信任我，"所以"我才信任你，这里没有从属关系或者对等条件。但这里强调的是，信任就像一座从两头开始搭建的拱桥。双方必须共同努力，向着彼此迈进，才能紧紧相连。这是一种搭建的"平衡"，你若坍塌，我恐怕也难以为继。

听过一个故事：女人老爱查男友手机，男友非常不满与烦躁，两人每次都要为此大吵一架，男人要求女友"信任他"，甚至每每都威胁女友说"过不下去了"，每每都闹得不可开交。但是同时，这个男人一碰到女友出去跟友人聚会，又有男性在场时，每次女友回来男人都得争吵一通，男人查她的QQ、微信的聊天记录，甚至还发生过当场把女友从聚会上"拎"出来的事情。

从这个案例中，我们不难看到，这俩人都是"神经病"，相互折磨却还要厮守在一起，理由通常是"不是我小心眼，而是我真的太爱你"。信任也需要以身作则。案例中的女友，倘若你不老查男友手机，男友也不至于"以其人之道还治其人之身"，查你QQ和微信。

信任其实带有某种"心理暗示"的成分。因为你这么对我，那么在我的理解和心理暗示下，我就会认为"这种程度和范围的管束甚至是冲突"你是可以接受的。你能这么对我，认为这很正常，那么我当然也可以这么对你。

你努力做好，让我放心，所以我信任你。对于这一点，可能大家都比较容易理解和接受。信任也需要"基础"和"理由"。信任的基础是

"爱"。信任的"理由"是：因为你爱我，所以你心甘情愿为我保持忠贞。因为你做到了足够好，所以我才愿意相信你。所以，信任的前提是，你首先要让我认为，你确实"值得"信任。

女人要想明白到底是他做得真的不够好，还是你只是"缺乏自信"而导致精神过度紧张？

信任是恋人之间必须具有的"相知"的"纽带"与"平衡"的"支点"。这种纽带与支点的搭建与维护，需要双方共同努力，而非强求一方付出。如果你觉得心里不舒服，那就是平衡出了问题。可以找你的爱人恳谈一次，但绝不是争吵。告诉他你的问题和疑惑，请他为你解答。该信任时，需信任；该放手时，就放手。

当然对于本身自信不足而疑神疑鬼的女生们，你们需要的已不仅仅是别人来给你"安全感"，而是首先要让自己想明白几点：如果所有的事情只是误会，你天天盯着他，是否会适得其反？如果所有的事情不是误会，背后裹藏了要飞的心，你死死绑住又有什么用？这个世界除了男人就是女人，男女相遇会产生亿万种可能，你是愿意为了这亿万种可能疲于奔命，还是完善自己，让他舍不得离开你？

靠别人给的"安全感"，永远只能是依赖，自己给自己的安全感才能长久。当你条条都好的时候，还有男人会舍得离开你吗？时时刻刻神经紧绷、要看好自己爱人的应该是他，而不是你，如此，你才可以掌握真正的"主动权"。

讲完了信任，我们再来说说原谅。

原谅也分为两层：外在的原谅，和内心深处的放下。

顾名思义，原谅只是属于"外在"所表现出来的东西，而内在是否真正能做到原谅，就是另外一回事儿了。

很多人，尤其是女人，往往都是"两面派"，心里想一套，表现又是另外一套。这种表现不仅仅体现在说情话的时候、吵架的时候、同样会出现在原谅的时候。她们说原谅的时候，往往心里还有疙瘩，她们对男人微笑说"没事"的时候，心里往往还在流泪、还有内伤。或许她们确实也想原谅，当她们从地上把男人扶起，说出那个"好"字的时候，她们也是真的想放下，只是善良和心软的她们往往低估了事件的破坏能力和对她的伤害程度，同时也高估了自己的承受和包容能力。这并不是女人的错，她们只是太善良。

其实生活中大多数女孩儿都属于这一类型。而对于这种类型的女孩儿，本人的建议是：你们首先不应该仓促决定原谅与否，而是应该先问问自己的内心"我到底有没有放下，能不能够放下"。

你先让内心彻底地、真正地"放下"，然后才能原谅。如果你的心里没放下，面上装原谅，只会让自己更痛苦。当然所有的事件和情节的恶劣程度不同，对女生造成的伤害也不同。所以女人决定是否原谅的时候，就更要加倍慎重。判断的标准不是看你"想不想"原谅，而是"能不能够"原谅。

爱情就像天平，没有绝对的对等，只有平衡。有时你付出多一些，重一些，自然会感觉处于下风，但有时他付出多一些，你便处于上风。要不要原谅，实则也是付出与包容的一部分。若你觉得值得，就继续用心去维护好这种"平衡"。反之，若你感觉无意义，那么不妨就放手，由他去吧！

女人经营爱情需要谨记的三大原则：不要永远试图去占上风；学会在

地位变换中寻找平衡；如果地位无法平衡，那就寻求自己内心的平衡。

最后，送给所有处于伤害或曾经被伤害的女生一句话：感情不是用来投资的，而是用来消受的。不要抱着"投资"的心态去对待感情，不要指望付出去的感情能够给你带来成倍的回报，它也有可能只是被人当成消费品快速消耗掉。

世上最值得投资的只有"自己"，把那些盯紧男人、为男人纠结痛苦、黯然神伤的时间用来提升自己，很快，就会换成男人来在意你、重视你、追求你、为你消得人憔悴了。

守住他的人，还是守住他的心

在《中国式离婚》这部电视剧当中，蒋雯丽饰演的家庭主妇与左小青饰演的新时代女性的一段对话堪称经典。左小青说："我觉得只要男人的心在你身上就好，人怎么着无所谓。现在的男人，留得住人留不住心。"蒋雯丽反驳："错了！心这东西多虚无缥缈呀，谁看得住？要看就得看人，只要他人在我身边，心飞再远又能怎样？"

这番对话把时下两种女性的心态描述得淋漓尽致。

通常，缺乏安全感的那类人会选择"看人"。她们觉得，只要男人天天守在自己身边，想出轨也没机会！剩下"精神"层面的爱咋咋的，反正也是看不见摸不着的东西，这类女人通常时间比较空闲。她们缺乏自信与安全感，还凑巧耳濡目染、遭遇不少渣男，既担心男人天下乌鸦一般黑，又期望自己找到的男人能独树一帜、循规蹈矩。于是她们只好发挥"盯、管、跟"的精神，对男人进行长期说教与管束。

　　我的朋友圈中就有这样一位姑娘。她身在国外留学，空余时间多到几近"发慌"。但她交了个男友偏偏又在国内，山长水远够不着。于是她便定下铁律：要求男友每一个小时给她打一个电话，短信时刻不能停。即便他上班开会的时间里不便联络，也必须将Skype[①]保持随时畅通。一旦她发现他掉线连接不上，她的国际越洋长途会立马追杀过来。一个不接打两个，两个不接打三个，追魂夺命连环call，一刻不停。男友一旦接起，他就得面对女友的大呼小叫一通骂，搞得男友的同事对其男友纷纷侧目，都用看怪物的眼神看着他，既惊诧又同情惋惜。

　　结果自不必说，男友终于不堪忍受，两人分道扬镳。

　　目睹了"看人"失败的极端案例，自信满满的女人会选择"留住心"。她们觉得，只要他心在我身上就不可能出去劈腿，即便某天有意外之失，也绝不影响大局。抱持这类想法的女人通常自身条件不错，颇有些傲娇女王的资本。虽然她口口声声称"男人需放养"，其实只因她内心骄傲。与其说相信男人，不如说她相信自己，认为自己的魅力足以捆绑男人。常认为家里吃得饱，谁还需要出去偷腥？而一旦遭逢意料之外的打击，对她们来说，无异灭顶之灾。

　　譬如前一段爆出的某导演嫖娼被抓，家中娇妻不但有名声有美貌，还比他小了二十多岁。众人大惑不解，纷纷惊呼：为什么家里老婆这么漂亮，还要出去嫖娼？网友神点评：尽管买了保时捷，谁敢保证出门不打车啊？

---

① 　Skype是一种简单的免费软件，使人能够在数分钟之内在世界上的任何角落拨打免费电话。

通过这两个案例，我们不禁会产生疑问：到底应该看住他的人，还是留住他的心？精神出轨与身体出轨到底哪个更糟糕？

事实上，这确实是一道无解的选择题，不亚于"先有鸡，还是先有蛋"的讨论。女人要是陷入这种问题的追究，那只能是给自己刨坑，让自己纠结致死也无果。所以，正确的方法应该是"跳出圈外"来审视和解决这一问题，与其陷入"精神出轨到底算不算出轨"，"男人找小三与找小姐到底哪个更可恨"，"我到底应该看住他的人，还是看住他的心"之类问题的纠结痛苦、辗转反侧，不如把这些全都放下，从自己"本心"出发。

扪心自问：我身边的这个男人，我是否能够hold住他？

你可以看看自己跟他的交际圈，谁更广？交际圈是一个人的"能量池"。圈子越广，能量越强。一旦遭遇"阴沟里翻船"也能立刻调整，吵架的时候，姑娘心情好，说走就走；姑娘心情不好，说跟谁走就跟谁走！

"危机造就生机"，一个男人对你丝毫不存在危机感，就证明你离"歇菜"不远了。

审视自己的经济收入和社会地位，谁更高？经济实力以及社会地位是一个人的命脉。没钱、没地位，谈什么"尊重、公平"，都是扯淡！

普遍女人都想找个经济实力优于自己的男人，这本身已属于先天不足，痛失先机。但先天不足，还可后天来补。你可以努力提升自己的社会地位。比如你可以很有名，你可以很有才，你在公司就任高职、人人都夸你能干。多数嫁入豪门的女星以及出色职场女性走的都是这一路线。

客观衡量你俩之间谁更依赖谁，谁更离不开谁。所谓"依赖"不体现在言语，甚至也不在行动，而在于心理。吵架后大呼小叫闹分手的，不见得就是洒脱的那一方；一声不吭摔门就走的才握有主动权。所以姑娘们千万要记得，吵架说分手斗狠，那并不能证明你在两人的关系中占上风。占上风的那个，永远是来去自由的那个。

认真思考究竟是你以拥有他为荣，还是他以拥有你为荣。若无法分清，那就比较一下谁在自己的亲朋好友面前、在各种聚会上提到对方更多。别听信"男人天生比女人内敛"的传言，那只是对你不够满意的男人为自己编造的托辞。当一个男人真正以你为荣，他绝不会吝啬于让全世界知道你的存在。

对这些考核标准，如果你的答案都是yes，那么恭喜你！无论选择何种方式对待男人，"看人"或"看心"，你都是信手拈来，不费吹灰之力。

而如果不幸，这些标准检验下来你都处于劣势，那么别太贪心，"人"和"心"你最好只选择一样来坚守。集中火力你才有可能打胜仗，分散心力则无异自取灭亡。

个人小建议：对待男人，最好不要苛求"精神"，他们对着A片女主角都能幻想，把人踏踏实实留在你身边，精神就任他自由飞翔吧！要知道：身体是"精神"的载体。没了身体，再多精神也是扯淡；灵魂出窍这种事可能发生，但你听说过哪个灵魂可以离开他的身体一辈子？

爱我的，我爱的，该选择谁

这个世界很少有"初次恋爱便白头"的事，即便有，也是凤毛麟角，普罗大众需翘首"仰望"的存在。而一般来说，我们大多数普通人走的都是"辛苦"路线。万里长征走人生、寻觅那个可与之共度一生的人，真的是一件挺难的事。这一路的跌打滚爬、经验教训，会致使大多数人产生这样的疑惑：到底我该选择"爱我的人"还是"我爱的人"？

说实话，这样的疑惑本人曾经也有过。而这个问题的答案，随着每个人个性、经历、年龄、心态和当时所处环境等各个因素影响，必然有所不同。

譬如，在天真烂漫、青春飞扬的年代，大部分人会把享受和追求"爱情"放在第一位。那时拥有无限的勇气和果敢，"爱人"必然是第一位的。如果一个人，我对着他的脸都能睡着，听他说话就烦躁，恨不得一脚把他有多远踹多远，这样的人，我怎么可能与他相处交往？没有感觉、没有爱，难道只剩关起门来吃、喝、拉、撒、睡？这样的选择，对于青春和意气风发的我们来说，自然是无法忍受的。年轻时的爱情就要轰轰烈烈、要死要活地折腾。不说哭到江水泛滥，嘶吼到长城倾倒，那么至少也要打到人尽皆知、上蹿下跳恨不得全世界都知道，让所有人都知晓我们在恋爱！

那时的我们是享受的，至少是痛并快乐着。即便当时痛苦到想死，但回头反观内心，我们依旧有小小窃喜。这就像是我们那些羞于被人知晓的小秘密，我们就是爱"作"，就是爱闹，就是只有那样才能证明我们曾经激情、曾经青春、曾经热血沸腾过。

而经历了伤害，在撕心裂肺的痛楚中煎熬过之后，这时我们的选择便会出现"分支"。既然"爱人"不易，何必苦苦付出？能够找到一个"爱自己"的人，踏踏实实过日子，已经足够。人对"真爱"的追求就像在参加一场长跑马拉松。大家从起点共同出发，可跑着跑着，有人会掉队，再跑一段，有人会回头，有人变道转向，走上截然不同的道路。当你好不容易到达终点，却发现，当初的小伙伴已经所剩无几，而"现在的"你，也早已不是曾经那个无知无畏、张扬肆意的少年。

所以这一路的轨迹，相信大家已经非常明了，大部分人的选择都会是：先去"爱人"，遍尝爱情的酸甜苦辣，痛过之后，人才懂得什么叫珍惜。然后再去找个人来爱自己，如果你也爱他，那么一切都完美。如果你不像他那样爱你，那你至少也会懂得珍惜。因为，此时的你已经明白了"爱"一个人，是件多么不容易的事。

当然这是大部分人最普通和"正常"的选择。但也有一小部分"勇士"，即便经历再多，遍体鳞伤却依旧能对"爱情"保持信仰。就像曾经有一段话提到的那样：歌唱吧，就像没有人聆听一样！跳舞吧，就像没有人欣赏一样！去爱吧，就像从来没有受过伤一样……

当然，人要做到这一点非常的不容易。这要求我们拥有强大的内心和对生活不灭的热情，当然还要对他人、对爱情始终保持一份信任和天真。其实对于"爱我的人"和"我爱的人"选择性的纠结，说白了，无非是害怕受伤害。因为我们经历太多，失去太多，以至于不再勇敢，对他人也不再如以往般信任。凡事我们总会权衡，总是先想着为自己保留几分，而对他人的要求却越来越高。这并没有对错，所谓"一朝被蛇咬，十年怕井绳"，我们首先必须承认，"求自保"是每个人的天性。

但为什么有人依旧能够在遍尝伤害之后，依旧勇敢、依旧奋不顾身去爱人呢？这并非因为她们愚蠢，没有预见到伤害，恰恰是因为她们充分了解了伤害，做好了承受伤害的准备，才会重整行囊再出发。

事实上，在追寻爱情的路上，人总是无可避免地面临受伤。不要以为走入婚姻甚至走到白头就不存在伤害，过日子也难免磕磕碰碰。"爱情"与"伤害"几乎是一对"捆绑式"的名词。问题只是在于，你究竟有多强大的内心去面对伤害，最重要的是，在受伤的情况下，你是否依旧能够继续付出、继续去爱人。

所以，当你们正处于"到底该选择我爱的人，还是爱我的人"的纠结中时，请先不要急于做决定。停下来仔细思考，反观内心，先弄清楚"我究竟是一个怎样的人，我想要过的究竟是怎样的生活"。

如果你足够强大（并非"无知所以无畏"，而是思考过后依旧勇敢），你想要的生活是自己追求、自己掌控，并且你依旧信仰着爱情，对真爱依旧没有放弃希望，那么自然毫不犹豫选择"我爱的人"。当然选择之后你必须要记得，有勇气为自己的选择承担后果与责任。即便未来等待你的是伤害，也照样不怨天尤人。你可以哭泣，但擦干眼泪后一定要微笑。你要勇敢前行，继续笑对生活，追求自己想要的人生，活出自己最美的样子来。

而如果你已经是一个不堪重负、饱受生活与爱情摧残的普通人，又或者你生来具有依赖性或偏自私，在爱情这个考场上，你更多的是期待他人给予，希望依赖他人付出而你自己却只知享受与消耗他人，那么你选择"爱我的人"将是你最好亦最明智的选择。当然这种选择也并不意味着一劳永逸，没有风险。事实上，任何情感都需要面对生活周而复始的消耗。为什么我们面对身边最亲近的人时，往往脾气不好缺乏耐心？因为我们已经"见怪不怪"了。对于这个人所有的好和付出，我们早已习以为常，缺乏感恩之心，而对于他偶尔的疏忽或错误，我们却往往不依不饶、追究到底。

那么，假设你选择了一个人，你的理由是因为"他非常爱你、非常疼你、对你非常好"，当有一天你习惯了他对你的温柔体贴、为你付出的一切，你便很难再被感动。而他偶尔的疏忽或粗心大意，很有可能被你认为是"不再爱你、变心"的象征，到那时，受伤害的依旧是你自己。

生活是公平的，无论你选择"爱我的人"或"我爱的人"，同样要承受它的些许遗憾和痛楚。获得最终"幸福"的方式，不是你到底应该选择哪种人，而是无论你选择了哪种人，都要懂得感恩、懂得权衡、懂得安守内心，令自己强大。如此，你才能坦荡地拥抱爱情，迎接阳光。

　　弗罗（美）有句很有意味也很有启迪的话："童稚之爱的原则是：
'因为我爱，所以我爱。'成熟之爱的原则是：'因为我爱，所以我被
爱。'但愿我们都能从童稚之爱，逐步走向成熟之爱吧！"